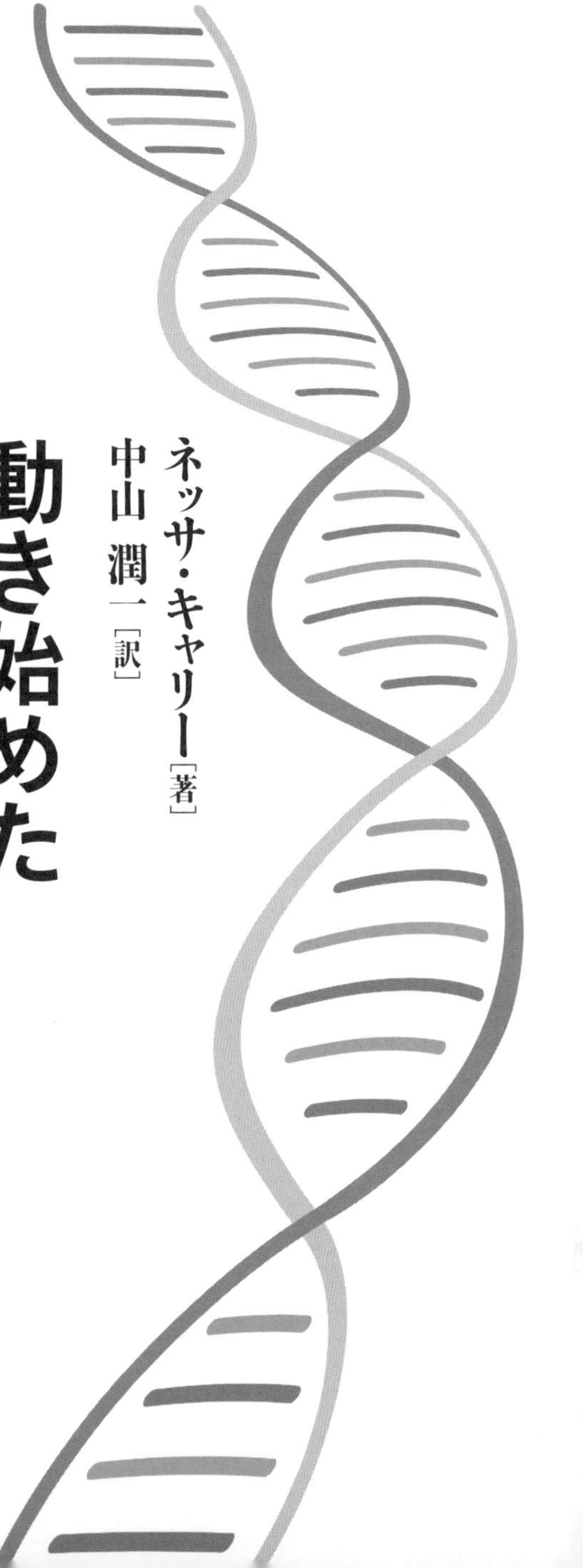

ネッサ・キャリー［著］
中山 潤一［訳］

動き始めたゲノム編集

食・医療・生殖の未来はどう変わる？

Hacking the Code of Life
How Gene Editing Will Rewrite Our Futures
Nessa Carey

丸善出版

Hacking the Code of Life

How Gene Editing Will Rewrite Our Futures

by

Nessa Carey

Printed in Japan

※原著者の許諾を得て一部図の追加を行った。

もちろん、アビー・レイノルズのために

私は車を取ってこよう

謝辞

いつもながら、すばらしい代理人、アンドリュー・ロウニー（Andrew Lownie）とアイコン（Icon）社の協力的な人たちと出会えた私の幸運に驚いている。特に、辛抱強くつきあってくれたダンカン・ヒース（Duncan Heath）に感謝したい。

たくさんの無理な要求に応じて時間をやりくりしようとしているときは、友人からの励ましがとても役に立つ。順不同に、チェリル・サットン（Cheryl Sutton）、ジュリア・コーク（Julia Cork）、ジュリアン・ヒッチコック（Julian Hitchcock）、ゴシア・ウォズニカ（Gosia Woznica）、エレン・ドノバン（Ellen Donovan）、キャスリーン・ウィンチェスター（Catherine Winchester）、グラハム・ハミルトン（Graham Hamilton）に特別な敬意を表したい。

それと同じくらい役に立つのは、多忙極まりないことを単純に受け入れてくれて、無愛想な文句を言って責めたりしない友人たちである。フェン・マグナス（Fen Magnus）、キャスリーン・ウィリアムソン（Catherine Williamson）、リック・ギブス（Rick Gibbs）、パット・オトゥール（Pat O'Toole）、マーク・シェイル（Mark Shayle）、ジョーン・フラワーデイ（John Flowerday）、アストリッド・スマート（Astrid Smart）、ジョアン・ウィニング（Joanne Winning）、クリフ・サットン（Cliff Sutton）、彼らの温かい配慮に感謝している。

義理の母、リサ・ドーラン（Lisa Doran）は、いつも私に場所と時間と尽きないビスケットをくれて、仕事がはかどるよう励ましてくれた。彼女にはとても（これまでよりもずっと）感謝している。

そして最後に、どれだけ私が迫る締め切りの悪夢にうなされているか知りつつ、それでも次の本を書くように勧めてくるパートナー、アビー・レイノルズ（Abi Reynolds）に深く感謝する。

目次

プロローグ

HACKING
THE CODE
OF LIFE

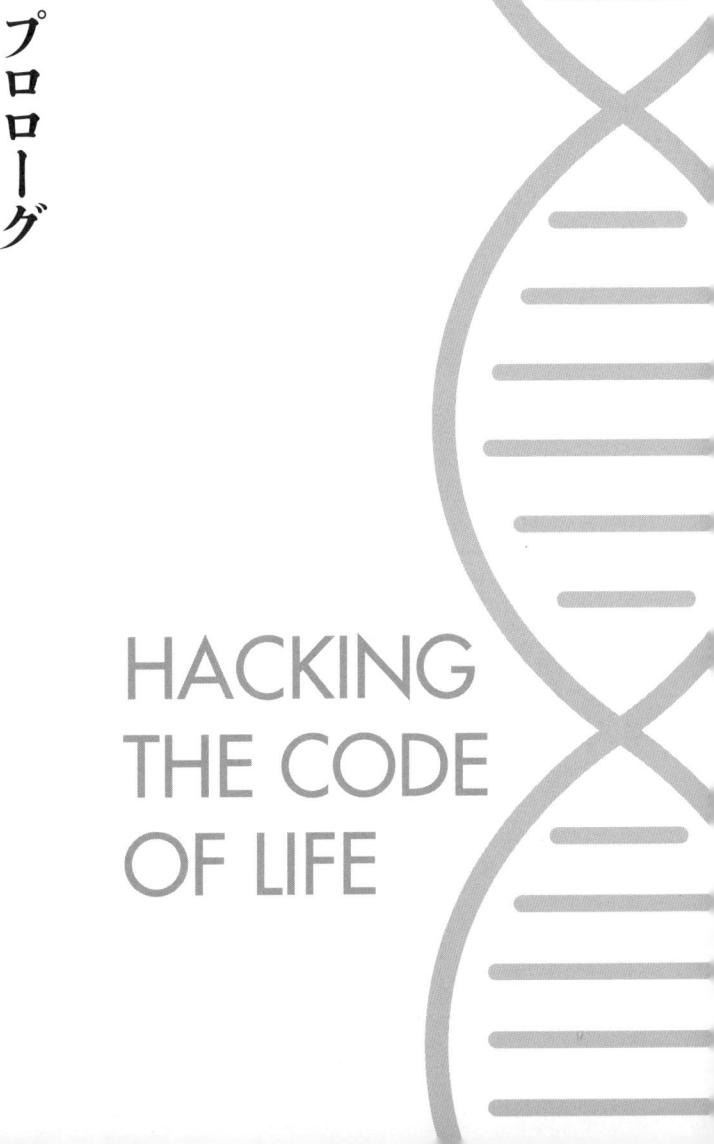

2018年11月28日、ひとりの中国人科学者が双子の女の子、ルル（Lulu）とナナ（Nana）の誕生を発表した。残念ながらこれは、父親が自分の娘の誕生を報告するような穏やかな話ではなかった。実際にルルとナナの両親の身元は秘密にされている。中国の南方科技大の准教授の賀建奎《フー・ジェンクイ》（He Jiankui）がこの発表をした理由は、この双子の赤ちゃんにきわめて特別な事情があったからだ。ルルとナナは、科学者によって意図的に変えられた遺伝子を持って生まれた、世界初の子どもだった。2人の女の子のDNAはゲノム編集と呼ばれる過程を経て改変され、もし彼女たちが子どもをつくれば、その改変された遺伝子を受け渡す可能性が高い。彼女たちの遺伝的系譜は人の手で永遠に変えられてしまったのである【1】【2】【3】。

賀建奎は、体外受精（試験管ベビー）の技術を応用した。彼は胚（多細胞生物の発生の初期における個体）がまだ小さな細胞の塊でしかないときにそのDNAを編集し、その後それらの胚を生物学的な母親の子宮に移植した。

その発表は世界中の研究者たちを仰天させた。その双子のニュースは論文としてきちんと報告されたわけではなく、国際会議の場で発表されたため、彼女たちの遺伝子変化を証明する十分なデータが示されたわけではなかった。そのため、ゲノム編集がきちんと行われなかったのではないかと疑いの目を向ける科学者もいた。また、研究室で行われた操作の段階で、すべての細胞がきちんと編集されたかどうかも明らかにされなかった。このため彼女たちは、変化したゲノムを持つ細胞と持たない細胞が入り交じった「モザイク」になっている可能性も考えられる。さらに、賀建奎が導入した変化は、正確に狙いを定めた変化ではなかったようにも見える。彼は確かに標的遺伝子を不活性化したが、彼が使った方法はあまり洗練されたものではなく、かなり不器用に、自然には決して起こらないような変化を遺伝子に導入していた。

もし誰かがゲノム編集をした人間をつくる計画をしているとしたら、死を免れない恐ろしい遺伝病から子どもたちを救うために、科学界の怒りを買うリスクを覚悟してのことだと思うかもしれない。悲しいことに、そのような選択が求められる遺伝病は数多くある。しかし、賀建奎はそのような深刻な遺伝病を避けようとしてゲノム編集を行ったわけではない。彼はヒト免疫不全ウイルス（ＨＩＶ）への耐性に関わる遺伝子に変異を入れたのである。

ＨＩＶはヒト細胞の特別な受容体に結合するが、結合しただけでウイルスが細胞に感染するわけではない。ウイルスが細胞に侵入するには、CCR5と呼ばれる別のタンパク質にも結合する必要がある。約10％の白人はこのCCR5遺伝子の中に、ウイルスの侵入を妨げるＤＮＡ配列の変化を持っていて、これらの人たちはある系統のＨＩＶに耐性を示す。

賀建奎はルルとナナのＤＮＡを編集して、彼女たちのCCR5遺伝子が機能的なタンパク質をつくれないようにした。しかし、耐性を持つ人たちに見られるのと同じＤＮＡ配列の変化を導入したわけではなかった。編集する対象としてこの遺伝子を選んだ理由は、彼女たちの父親がＨＩＶ陽性だったからだと、彼はその会議で述べた。ＨＩＶに感染するということは、まだ中国ではかなり不名誉なことであり、彼はこのような惨めな境遇から彼女たちを救いたいと考えていたと語った。

しかし問題は、この根拠が少し嘘っぽいところにある。通常ＨＩＶは、体液の接触を介して人に感染する。いくつかの単純な予防措置を取ることで、彼女たちが出生後にＨＩＶに感染しないようにするのは比較的容易である。それゆえ、ルルとナナは決してＨＩＶに感染するリスクが高かったわけではない。一方、CCR5タンパク質自体はインフルエンザウイルスを撃退するためにも重要なため、彼女たちはインフルエンザにかかるリスクが高くなっているかもしれない。インフルエンザは中国でよく発生し、患者が重症化することもある。賀建奎が導入した編集によって、彼女たちがインフルエンザに感染しやすくなってしまったのかどうか、誰にもわからない。

賀建奎によって実施された編集がたとえ技術的に完全であったとしても、それが非常に大きな懸念をもたらすのはまず間違いない。これまでに世界中の科学者たちがゲノム編集の力、特に人間の遺伝子配列を永久に変えてしまう可能性について議論してきた。生物学者、倫理学者、法律家、規制機関、そして政治家が協力して、こうした新しいツールの影響を検討し、それらが適正に責任を伴った方法で使われるようにするための枠組みをつくろうとしている。複数の団体が国際的な規範をつくり、実際に人へのゲノム編集が実施される前に、倫理的な議論が行われるように努めてきた。関係するすべての人が、自国の一般の人たちと対話し、慎重な足取りで前に進む必要性も認識している。

賀建奎の今回の発表によってそれまでの慎重な取り組みは水の泡となり、科学界は守勢に立たされ、急いで大衆を安心させようとしている。今回の反動で、政治家たちが正しい理解でなく恐怖に駆られて新たな規制を導入してしまうのではないかと心配する研究者もいる。そうした動きは、はかりしれない可能性を秘めながら、まだ発展途上にある分野に悪影響を及ぼしかねない。賀建奎が引き起こした世界的な騒動からすると意外に思うかもしれないが、彼は自分の発表に対する周囲の反応に驚き、困惑しているように見えた。彼は自分の行動がもたらす結果についてほとんど考えていなかったのか、すでに3つめの編集した胚をつくり別の女性に移植していた。それゆえ、少なくとももうひとりの子どもが、人の手によって改変された遺伝子を持って生まれる可能性が高い。

激しい非難が起こったのは欧米だけではなく、中国当局も賀建奎を厳しく批判した。それまでの彼の業績はウェブサイトから削除され、中国政府も驚愕したとの態度を示し、欧米と同調する立場を取っている。このこと自体は驚くことではない。中国は国際的な科学コミュニティの中で高く評価されたいと望んでいるからだ。賀建奎の発表は、単に倫理的な基盤と研究の健全性に関して国際的な懸念を強めただけで、それ以外の何ものでもない。

私は賀建奎を哀れに思わずにはいられない。科学的適性、倫理的健全性、政治的原理という、3つのすべての側面から世界中の非難にさらされて、注目を浴びた科学者はそう多くはいない。

しかしいろいろな意味で、この壮大な失敗談の最も驚くべき側面は、そもそもそれが可能だったことである。わずか6年前には、胚におけるヒトゲノムの改変がうまくいく可能性はほとんどなかったため、このような研究の実現を夢見ることすらほとんどあり得なかった。しかし、2012年の大発見によって、ヒトからアリまで、コメからチョウまで、この地球上のすべての生物を覆っていた遺伝情報のベールは取り払われた。これまで研究者が研究人生の半分を費やしてようやく答えを出すことができたような疑問に、たった数か月で答えてしまえるような道具が、世界中の研究者にもたらされたのである。農業からがんの治療まで、さまざまな分野の問題に取り組むための新しい方法が次々と生み出されている。これは好奇心から始まり、野心によって加速された話であり、今後一部の個人や機関に桁外れの富をもたらし、私たちすべての人の生活に関係してくることになるだろう。私たちはゲノム編集の時代に入りつつあり、生物学はいままさに変わろうとしている。そう、これから永久に。

第1章

黎明期

HACKING THE CODE OF LIFE

ホモ・サピエンス（*Homo sapiens*）。
「賢い人（wise man）」の意。

これは、1758年にカール・リンネ（Carl Linnaeus）が、全生物の科学的分類体系に私たちヒトを加えたときから、私たちが自分たちを呼んできた種名である。ヒトの種名をつける際に男性（man）を基準にしたという明らかな性差別は置いておくとして、そもそもこの種名は私たち自身を説明するものとしてふさわしいものだろうか？ ケンブリッジ英語辞典では、知恵（wisdom）を「あなたの知識と経験を、優れた決定や判断に使う能力」と定義している。私たちがつくり出してきた世界、私たちが破壊してきた世界を見てみると、この名称がふさわしいか疑問に思うかもしれない。私たちは間違いなく種として成功してきた。これは、私たちヒトの数がこの地球上で不釣り合いなくらいに多いことからもうなずける。しかし、他のほとんどの生物の視点から見れば、私たちは有害で厄介な生物である。そうすると、私たちは自分たちの種名として別の名前を考えるべきかもしれない。では、どんな名前がふさわしいだろうか？

ラテン語の学者には申し訳ないが、「ペルソナ・ハッカス（*Persona hackus*）」というような名前はどうだろうか？ 人間は周囲のものをハック（hack）する存在である。これは私たちが歴史を通じて行ってきたことである。数頭のバイソン（野牛）が描かれた洞窟壁画を見ればよくわかるのではないだろうか。その当時使われた石器を見てみるとよい。鋭い刃先をバイソンに打ち込み、その肉を夕食用に切り分けるためにその石器を使っていた。私たちはかつて、敵の暗号を解読し、世界的な戦争に勝つためにコンピュータを発明した。60年後、私たちは、イケアの本棚の組み立て方を動画で教えるように、人が新しい物をつくる手助けをするためにコンピュータを使っている。私たちは物をハッキングし、手を加え、デザインし、形を変え、そして新しくつくり出す。私たちは人間であり、そうせざるを得ない存在なのだ。

世界をハッキングする私たちの性向が、何よりも大きな影響を与えてきたものがある。それは食料である。現在の証拠では、約1万2000年前に、肥沃な三日月地帯として知られている場所で農業が始まったとされている。異なる遺伝的バックグラウンドを持つ複数の集団が、いまでいうパレスチナ、イラク、ヨルダン、イスラエル、イラン西部、トルコ南東部、シリアを含む地域で独立に農業を営んでいた。遊牧の狩猟・採集生活から農耕定住生活への転換はおそらく段階的なものだったと考えられるが、間違いなく人間が周囲のものに手を加える能力に依存していた。人間は最も粒の大きな穀物を、最も多く実をつけるマメを選び、それらを選択的に植え始めた。この過程を繰り返すことで、栄養に富んだ穀物の収穫へ発展し、私たちが今日依存している多くの農作物の選択につながった。

これらの初期の農民は、単に植物の発育を変えただけではない。彼らは動物の選択的な掛け合わせも行い、ウシ、ヒツジ、ヤギの乳や肉の産生から、ウマや犬の従順さ、伴侶動物として付き合いやすい性質に至るまで、有用な形質を選択してきた。

食料を生み出すことで、集団がひとつの場所にとどまれるようになったことの影響ははかりしれない。定住地は拡大し複雑化するとともに、社会的な階級制度が強化、維持された。そして統治者が集団を監視し制御するために、文字のような体系が何度も発達した。生産量が増加し、豊作のときに余剰な食料を蓄えられるようになったことで社会が発展し、そのような社会では、個人が専門的な仕事に従事できるようになり、数多くの文化的工芸品が生み出された。

ほとんどすべての人間の活動——輝かしいものから悲惨なものまですべて——が、私たちが他の生物の遺伝物質をハッキングする方法を学んだことで築かれてきたと考えると、これは注目に値する。私たちは、生物の個体を有用、あるいは好ましいと考える形質によって選別することで、生物種の進化的経路を変えてきた。コメから雄鶏まで、モロコシからシャム猫まで、本来はくじ引きのような遺伝システムをハッキングし、生き残り受け継がれる遺伝子を変えることで、私たちの意図するように進化させてきたのである。

もちろん、初期の農民から、ダーウィンにひらめきを与えた観賞用のハトの育種家に至るまで、自分たちが他の生物の遺伝をゆがめていると考えている人はいなかった。彼らは、外見、声、匂い、味、あるいは他の何らかの特徴に基づいて、個体を選別し掛け合わせを行っていただけである。彼らは、興味のある形質が世代を通じて伝わること、言い換えれば、そのような形質が子孫に現れる、あるいは次の世代でより良くなることを望んでいた。しかし、彼らはこのような形質がどうやって親から子に伝えられるかは知らなかった。

遺伝のしくみについて、データに基づいた理論としてまとめるための第一歩は、ブリュン（現在のチェコ・ブルノ）の聖トマス修道院で司祭を務めていた、聖アウグスティヌス修道士のグレゴール・メンデル（Gregor Mendel）によって成し遂げられた。メンデルは異なる形質を持つエンドウマメの品種を系統的に掛け合わせ、種子の形が球形かしわが寄っているか、というような特徴に基づいてその数を数え、子孫の形質を調べた。彼は、特定の形質がある比率で子孫に伝わることを見出し、この発見を説明するために、外見的な形質を支配する目に見えない因子について言及した。これらの目に見えない因子こそが、遺伝の基本単位だった。

メンデルは自身の研究成果を１８６６年に論文として発表したが、当時その重要性を理解した人はほとんどいなかった。１９００年になってようやく彼の発見が再認識され、その結論が注目され始めた。そして１９０９年、目に見えない遺伝の基本単位を説明するために、オランダ人の植物学者、ウィルヘルム・ヨハンセン（Wilhelm Johannsen）が初めて「遺伝子（gene）」という言葉を使った。ヨハンセンは、遺伝子が何でできているかについて深く追求することはなく、この疑問は１９４４年になって初めて、カナダで生まれニューヨークで研究していたオズワルド・エイブリー（Oswald Avery）によって解決された。エイブリーは、メンデルの目に見えない因子がＤＮＡからできていることを示したのである（15ページ「ＤＮＡ講座・初級編」参照）。エイブリーはこの発見によって、その後のすべての遺伝学的研究の基盤を築いた。驚くべきことに、彼はこの業績に対してノーベル賞をもらうことはなかった。

その後、遺伝学的研究のスピードは加速する。エイブリーの論文が発表されて10年も経たないうちに、イギリス人の科学者、フランシス・クリック（Francis Crick）と、彼よりもさらに小生意気な印象のアメリカ人の同僚、ジェームズ・ワトソン（James Watson）の2人が、DNAの構造の謎を解いたと公表した。彼らの有名な二重らせんモデルは、キングス・カレッジ・ロンドンでモーリス・ウィルキンス（Maurice Wilkins）と一緒に研究していたロザリンド・フランクリン（Rosalind Franklin）が入手していた実験結果に大きく依存していた。このときはすぐにノーベル賞につながり、1962年にクリック、ワトソン、ウィルキンスの3人が賞を授与された。とても残念なことに、ロザリンド・フランクリンは1958年に卵巣がんのため37歳の若さで亡くなった。ノーベル賞が死後に与えられることは決してない。

◆遺伝学の壁を最初に壊す

1973年、有名なワトソン-クリックのDNA構造が発表されてから20年後、田舎町出身の2人の科学者が、いまでは伝説となっている実験に共同で取り組んだ。スタンリー・コーエン（Stanley Cohn）はニュージャージー州のパース・アンボイで生まれ、常に科学への関心を持っていた父親の影響を受けて育った【1】。ハーバート・ボイヤー（Herbert Boyer）は、1年遅れてペンシルバニア州のデリーにて、科学に対する知識や関心をほとんど持たない家に生まれた【2】。2人とも遺伝学の世界に引き込まれ、1970年代まで、コーエンはスタンフォード大学、ボイヤーはカリフォルニア大学サンフランシスコ校（UCSF）という、いずれもカリフォルニアの一流の研究機関で研究に従事していた。

コーエンとボイヤーの驚くべき成果は、遺伝物質をひとつの生物から別の生物に移す方法を開発したことだった。彼らは、自分たちが望む遺伝物質を選択し、新しくその遺伝物質を受け入れる生物（宿主）の中でも機能できるような様式でそれを移すことに成功した。彼らの最初の実験では、DNAをある種の細菌から別の細菌へ移した。彼らの次のブレイクスルーはさらに注目に値する。彼らは細菌のDNAをカエルの細胞に移し、そのDNAがカエルの細胞の中でも機能することを示したのである。コーエンとボイヤーがしたことは、何千年もの間、個体、そして種を隔てていた壁を破壊したことにほかならない。その影響はとてつもなく大きい。1973年以降、遺伝的に手を加えることができない生物はいないと考えられるようになった。科学者たちは、地球上のすべての生物の最も根本的な基盤、つまりそのDNAを直接操作する能力を手に入れた。そう、遺伝子操作の時代が到来したのである。

革新的な物事を成し遂げながら、生きている間に正当な評価をされなかった人はたくさんいる。そうした人は世に認められることなく、極貧のまま亡くなったかもしれない。フィンセント・ファン・ゴッホはそのような典型だが、モーツァルト、あるいはエドガー・アラン・ポーのように他にもたくさんいる。私たちはすでに、メンデルやフランクリンの例を見てきたが、科学の世界ではこのような出来事がよく起きる。

幸いにも、コーエンとボイヤーはそうはならなかった。彼らには確実に名声と富がついてきた。彼らがノーベル賞を与えられなかったのは事実だが、*他の主要な科学賞を受賞した。また、一緒に働いていた彼らの雇用主たちがコーエンとボイヤーの発見を特許化し、この判断によってUCSFとスタンフォード大学は何億ドルもの収入を得た。通常、発明者は特許収入の一部を受け取る。その金額は印象に残るほど多くはなかったかもしれないが、ハーバート・ボイヤーは、のちにジェネンテック社を設立した。ジェネンテック社は最も成功したバイオテクノロジー企業のひとつであり、人々の人生を変える薬、命を救う薬を生み出している。

＊もうひとり別の研究者、ポール・バーグ（Paul Berg）は、組換えＤＮＡの基礎的な研究において、１９８０年にノーベル賞を受賞した。

生物学のすべての分野の科学者は、この驚くべき新しいツールをすぐさま利用し、そして改良した。基本的な技術は拡張され、より速く、簡便に、そして安価に利用できるようになっていった。約50年の間、これらの技術はまれな病気の遺伝子治療から、毎年数百、数千の人の命を救う可能性のある栄養価を高めたコメの開発まで、驚くような技術革新につながる手法をもたらした。科学者たちは確かにこれらのツールを使って多岐にわたる問題に対処してきたが、その技術自体は基本的に変化していなかった。コーエンとボイヤーが、ベルボトムのジーンズや厚底の靴が流行し、テレビドラマ「Hawaii Five-O」が放映されていた時代に発明した技術と、実質的に何も変わってはいなかった。

しかし、２０１２年に新しい技術が現れて、生物のＤＮＡを操作する方法をもう一度変えたとき、すべての状況が一新された。この新しい技術は安価で、信じられないほど簡単に使え、速く、しかも柔軟性がある。コーエンとボイヤーの技術を真空管に例えたら、新しい技術はシリコンチップに相当するといえるかもしれない。しかし、どれだけこの技術が革新的かを理解するために、私たちはもう少し詳しくＤＮＡを知る必要がある。

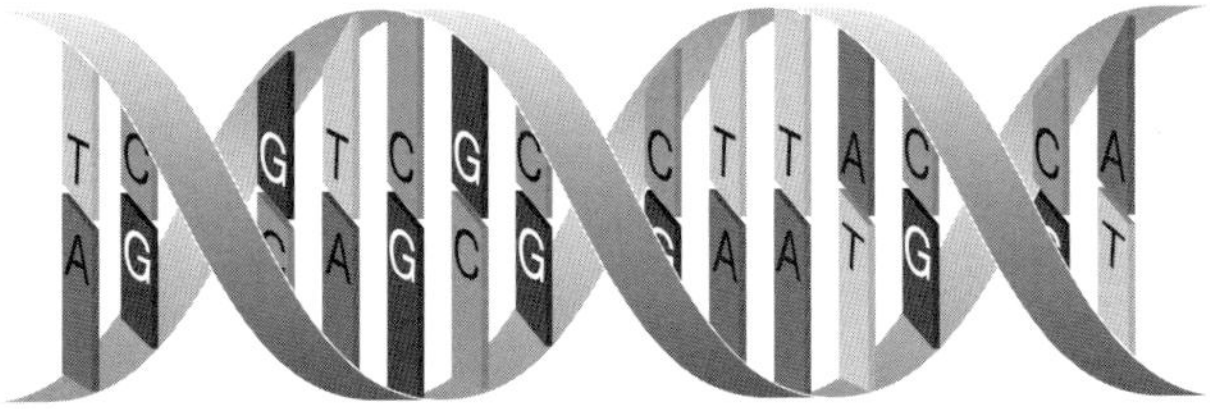

図1.1 DNAの模式図。２本の主鎖がお互いより合って二重らせんを形成している。らせんは分子の中央にある塩基間の「水素結合」という弱い相互作用で結びつけられている。塩基はアデニン(A)、シトシン(C)、グアニン(G)、チミン(T)の4種類が存在し、Aは必ずTと、Cは必ずGと対を形成する。

◆DNA講座・初級編

ＤＮＡはすべての生物の遺伝物質である。この名称は、デオキシリボ核酸（deoxyribonucleic acid）という、ちょっと呼び慣れない長い言葉の略称である。ＤＮＡを考えるとき、台本、あるいは本のように書かれた文章として捉えるとわかりやすい。どんな文章もアルファベットからなっている。ＤＮＡの場合、アルファベットはＡ、Ｃ、Ｇ、Ｔと呼ばれる４つの文字だけを含んでいる（**図1・1**）。専門的には、これらは「塩基」と呼ばれているが、ここでは文字と捉えれば十分だ。

複雑な生命の基本となるアルファベットが、これほど単純なのは奇妙に思えるかもしれない。しかし、単純でも十分な数あれば、４つの文字を使って多くのことができる。両親が性交してあなたが生まれるとき、あなたの母親と父親はそれぞれ、特別な順番で並べられたこれらの文字を30億ずつあなたに受け渡す。30億の文字のほとんどの場所は母親と父親で同じである。しかし、平均して３００文字にひとつの割合で母親と父親で異なっている。たとえば、母親ではＴのところが父親ではＧになっているかもしれない。これは、母親と父親に限らず、あなたと他の人のＤＮＡ配列を比べると、約１０００万か所の違いがあるということを意味する【3】。

これは、人がそれぞれ大きく異なっている理由のひとつである。私たちは、約1000万の潜在的に異なる場所に関して、異なる組み合わせで文字を受け継ぐため、お互い異なるDNA配列を持つことになる。これは、血縁関係のない個人同士に比べて、血縁関係のある家族同士がより似ている理由でもある。近い祖先を共有しているため、似た遺伝的差異を受け継ぐ可能性が高い。あなたが自分の母親に似ており、義理の母親に似ていないのはそのためである。

同じように、遺伝的文字列に関して、すべてのヒトは他の種と比べればお互いかなりよく似ている。ヒトのDNA配列は他の生物種のものとは異なっており、その違いは、共通の祖先を見つけるために進化的歴史を遡るほど顕著になる。ヒトとチンパンジーのDNA配列を比べると、約98・8%の類似性がある【4】。しかし、ヒトとバナナで比較すると、その数字は50%まで下がる。これは私たちが半分バナナという意味ではない。これらの数字を計算する方法は複雑であり、明確な数字にするとちょっと誤解を招くかもしれないが、要点は理解してもらえるだろう。

ボイヤーとコーエンによる技術革新によって、生物の遺伝物質を調べて利用するための道具が科学者たちにもたらされた。興味ある形質を持つ個体と持たない個体を掛け合わせて何が起きるか調べて、ある特定の領域のDNAがなぜ重要なのか推測するというような遠回りな方法でなく、あなたはDNAそのものを使って、直接仮説を検証することができる。たとえば、ある細菌の株の特定の領域のDNAがその細菌の抗生物質への耐性に関与しているという仮説を立てたら、あなたはすぐにそのアイディアをボイヤーとコーエンの方法を使って実験することができる。抗生物質に耐性を示す細菌から関連する領域のＤＮＡを取り出し、それを通常ならその薬剤で死滅する細菌に導入するだけでよい。もし遺伝的に手を加えた細菌が抗生物質に耐性を示すようになれば、その領域のＤＮＡの役割についてのあなたの仮説は正しかったと自信を持って言えるだろう。

ＤＮＡをアルファベットとして考えると、ある生物の完全な文字列はその生物の本と考えられる。ひとつの生物全体のＤＮＡ配列は、一般的にゲノムと呼ばれている。遺伝子――メンデルが言及した目に見えない遺伝単位に相当するＤＮＡ配列――は、その本の中の段落と考えることができる。

これらの遺伝子は多くの場合タンパク質をコードしている（ＤＮＡなどの遺伝物質があるアミノ酸を指定していることを「コードする」という言い方をする）。タンパク質は、細胞や生物の体の中で多種多様な活動を遂行している分子である。赤血球の中で酸素を運ぶヘモグロビン、食事の後で血中からのグルコースの取り込みを制御するインスリン、目の中で光の信号に反応するロドプシンは、すべてタンパク質の例である。

よほど前衛的な作家でない限り、本を書くときには通常段落に分けて文章を書くだろう。ときには、ひとつの段落を書いた後、その場所が気に入らなくなって段落ごとその本の別の場所に移そうとするかもしれない。手書きで原稿を書いていた昔の作家、たとえばメアリー・シェリーであれば、これはかなり面倒な作業になるだろう。しかし、スティーヴン・キングのような近代の作家の場合、大した問題にはならない。単に文書作成ソフトを使ってカット＆ペーストすればよい。これこそがまさにボイヤーとコーエンの革新であり、彼らは研究者たちがゲノムを自在にカット＆ペーストできるようにしたのである。

作家は執筆の過程で、自分の原稿の中で段落をカット&ペーストする。しかし、作者がその段落をまったく別の本にペーストしようとしても、それを止めるすべはない。第一世代の遺伝子操作技術では、これと同じことも可能になった。最終的に科学者たちは、ひとつの生物から別の生物に遺伝的な段落を移すことができるようになった。たとえば、クラゲから取ってきたある特定の遺伝子、つまり段落をマウスのゲノムにペーストすることで、紫外線の下で緑に光るマウスがつくり出された。他にも何千もの技術が開発され、基礎研究だけでなく、農作物の品種改良やヒトの疾患の新しい治療法を開発するような応用研究にも大きな影響を与えた。

しかし、研究者たちは基本的な技術においては何段階も進歩させたが、それ以上の前進を妨げる根本的な問題があった。細菌での遺伝子操作は容易である。ゲノムサイズ(文字数)は小さく、新しい遺伝子を取り込ませることも簡単にできるため、遺伝子操作した細菌を数日でつくることができる。しかし、同じような実験を哺乳動物の細胞で行おうとすると、はるかに複雑になる。まず、大腸菌と比べて、哺乳動物の細胞に新しい遺伝子を取り込ませることははるかに難しい。またマウスの培養細胞ではなく、生きた個体としてのマウスに遺伝子を取り込ませたい場合、マウスの受精卵にDNAを導入して、その受精卵をメスのマウスの子宮に移植し、小さな胚がきちんと発生して成長することを願いながら待つ必要がある。もし、マウスがきちんと生まれてこなかったら、あなたは何か月も時間を浪費したことになり、その間に競争相手はあなたを追い抜くかもしれない。あなたは何も結果が出せないまま、研究費は尽きてしまうかもしれない。

作家が自分の原稿に対してカット&ペーストの操作をするとき、当然自分の意図する場所に段落を移動させる。これは重要なことであり、ランダムに移動された段落が、きちんと前後の文章とつながることはめったにない。しかし、遺伝子を動かす最初の技術では、遺伝子が挿入される場所をコントロールするのはとても難しかった。これは深刻な問題を生み出した。なぜなら、生きた個体の中で遺伝子がきちんと働くかどうかは、挿入された場所に大きく影響されるからだ。遺伝子が間違った場所に置かれると、足場の悪いところで演技するバレリーナ、あるいはトランポリンの上に乗ったアシカのような状況になる。結果は面白く奇妙なものになるかもしれないが、遺伝子の正常な機能については何もわからないだろう。

2001年、科学者たちはついにヒトの全ゲノム、私たちの完全な30億文字の遺伝情報を手に入れた。それは単純な本というよりは、むしろ2メートルの高さの本棚を埋める何十冊もの作品であり、きわめて有用なものだった。本として生命の情報が記録されているのは、私たちヒトだけではない。科学者たちは180を超える他の生物種のゲノム配列を決定し、その数は現在でも増え続けている【5】。

さまざまな生物のゲノムが読まれるにつれて、科学者たちの知りたいことも増えていった。新しい技術が導入されるときはいつでも、それによって研究者が実験的に取り組むことができる問題の幅が広がるからだ。しかし、科学者の好奇心旺盛な気質は、より洗練された様式で、より複雑な対象を研究したいと常に望むものである。ボイヤーとコーエンの方法の限界、つまり複雑な生物での操作が困難で、挿入場所の制御ができないというような問題は、40年以上もの時間をかけて行われたすべての改良をもってしても解決されず、ますます科学者たちのフラストレーションを増幅させた。

もし、ひとつの遺伝子（段落）の作用について知るだけでなく、わずか1文字の正確な役割についてきちんと知りたいと望んだらどうなるだろうか？　これは、あなたの名刺に書かれた「インテリア（interior）デザイナー」と「二流の（inferior）デザイナー」くらい重要な違いかもしれない。もちろん、名刺はとても小さいし、文字数も少ない。30億文字もあるヒトの本の中の1文字が、そんなに重要というのは本当だろうか？　実はその通りなのだ。ある特定の遺伝子の中にわずか1文字の変化を持つ少年はレッシュ・ナイハン症候群と呼ばれる疾患を発症し、痛風、脳性まひ、精神遅滞、口唇や指の自傷を特徴とする深刻な症状を呈する【6】【7】。これは単なる一例である。数百、おそらくは数千のヒトの疾患がこのような1文字の違いによって起きている。

従来の技術を使って複雑なゲノムの中のわずか1文字を変えるのは、コスト面や費やす時間から考えてもきわめて難しい。ひとつの遺伝的な本の中で、異なる場所にある複数の文字を同時に変えるのはさらに難しい。しかし、個々のヒトゲノムで異なる1000万の文字のいくつかが、どのように協調的に働いて私たちの生活に影響を与えているかを調べたいと思ったら、そのようなことができなければならない。

それが、2012年に発明されたまったく新しい技術が革新的だった理由である。科学者たちは、既存の手法の技術的限界による制約から一気に解放された。この新しく拓かれた刺激的な世界では、どんな研究室であっても、魅力的で新しい問題に、低コストで迅速に、かつ容易に取り組むことができる。しかも、技術的な成功の可能性は高く、以前には夢だった高い精度で遺伝子を操作できるのだ。ようこそ、素晴らしく、そしてときに心配なゲノム編集の世界へ。

第2章

生命の暗号をハッキングするための道具

HACKING
THE CODE
OF LIFE

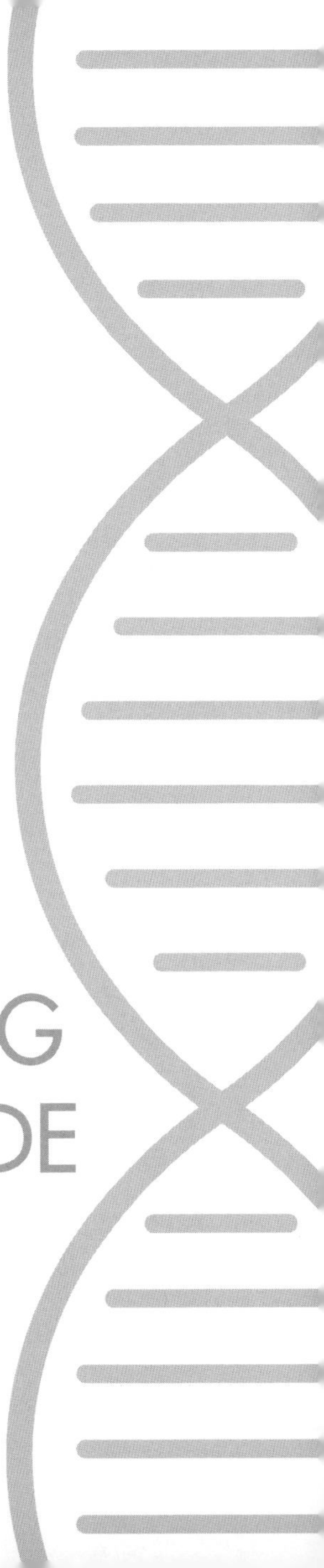

地球の歴史上初めて、ひとつの種が、自身を含む他の生き物のゲノムを改変する能力を手にしている。ゲノム編集技術によって、適度に設備の整った研究室であればどこでも、また基本的な科学的素養を身につけた人であれば誰でも、ゲノムを改変することができる。自然淘汰をもたらしてきた遺伝子の変化が、いまや商業的に生み出されようとしている。その過程をより速く、安く、正確に、柔軟にして、適用範囲を広げるための新しいツールが毎週のように開発されている。しかし、これらはすべてオリジナルの技術を向上させたもの、あるいは変化させたものにすぎない。今後の議論のために、ここで次の質問をしてみることにしよう。そもそもこの賞賛すべき新しい研究手法は誰が発明したのか？　またどうやってそれが成し遂げられたのか？

◆

◆科学技術の進歩はどのようにもたらされるのか

ときに、科学は方向性を持った形で前に進む。まず何らかの必要性があり、科学者たちはそれに応えるための方法を探す努力をする。たとえば、アメリカの宇宙計画（アポロ計画）に向けたケネディ大統領の野望に応えるために、ＮＡＳＡが宇宙飛行士を月へ送り、飛行士たちを安全に地球へ帰還させるための技術を開発することを考えてみてほしい。また、拒絶反応を抑えることで、臓器移植という夢の医療を初めて実現させた薬、アザチオプリンをつくり出したアメリカのガートルード・エリオン（Gertrude Elion）たちの研究もそれに当てはまるだろう。

しかし、こうした事例は科学の世界では一般的なことではなく、学問分野の通常の進み方ではない。まず、このような方法は、技術、あるいは革新のサイクルにおいて、かなり後期でのみ機能する。これは、いま述べたような素晴らしい成功をおさめた人たちの仕事を軽んじているわけではない。しかし、背景にある学問分野は十分に進歩しており、定めた野心的な目標は最終的には達成可能なものだった。政治も重要だが、政治の力で技術的な不可能を可能にすることはできない。ビクトリア女王が、イギリス・ノーフォークの田舎にある私有地の近くに鉄道の駅があれば便利だと思いつき、その結果、鉄道の支線が引かれ駅が建設された。しかし、同じ時代に女王が最も勇敢な家臣に向かって、月へ飛んでほしいと公言したとしても、その目標が達成されることは決してなかっただろう。技術的な歴史を振り返って、単純にこの目標に近づくための方法がその当時なかったのだ。

ニクソン大統領は1971年に「がん戦争」を宣言したが、がんは依然として地球規模で毎年800万の人の命を奪っている【1】。当時、この政治的野望を実現するには、さまざまなタイプのがんについての理解がまだ不十分だった。

実際のところ、ほとんどの科学的、技術的な発展は、好奇心に駆られた研究に端を発している。1978年、世界初の試験管（体外受精）ベビーであるルイーズ・ブラウン（Louise Brown）が生まれた。2012年までに、さまざまな形で体外受精が実施されたおかげで、500万人の赤ちゃんが生を受けたと推定されている【2】。しかし、これは20世紀前半以降に行われた何十年にも及ぶ発生生物学の研究があって初めて実現したことである。この基礎研究を行った科学者たちは、ヒトの不妊に取り組んで、子どもを持てなかった女性が母親になれるようにしたいと思ったわけではない。彼らの動機は、生物学的過程に対する単純な好奇心だった。発生生物学の分野がかなり進んだ後で初めて、体外受精が現実になったのである。

ゲノム編集についても同じことがいえる。ゲノム編集は数々の技術的な要求を満たす革新的な技術であるため、その発明に至るすべてのステップは、ゲノムをハッキングするための優れた方法を発明しようとする科学者たちの願望によって動かされたと思うかもしれない。しかし実際はそうではなかった。この分野は、スペインのひとりの科学者が、当時研究していたいくつかの細菌のゲノムの中に奇妙なDNA配列を見つけたことがきっかけで大きく発展した。

◆細菌が戦争に行くとき

非常に大きな影響力を持つSF作家であり科学者でもあったアイザック・アシモフは、かつて次のように言っていた。「科学において最も刺激的な言葉、大発見の前触れとなる言葉は、『ユーレカ（われ発見せり）！』ではなく『おかしいな…』である」。ゲノム編集という分野は、スペインのアリカンテ大学で博士課程の研究をしていた、フランシスコ・モヒカ（Francisco Mojica）という28歳の大学院生のおかげで拓かれた。モヒカはある特定の細菌のゲノム配列を決定し、その結果を解析したとき奇妙な配列を見出した。彼には、ユーレカ！と叫ぶような瞬間はなかったが、それらの配列をつまらない退屈なものとして捨てたりせずに、「おかしいな」と考えた。

モヒカは博士号を取得し、後に彼自身の研究グループを立ち上げた。研究資金はほとんどなく、同

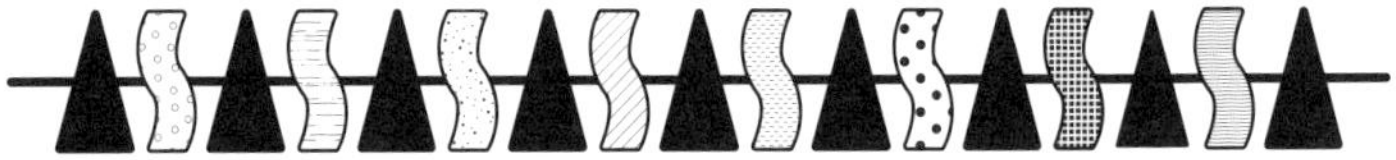

図2.1 フランシスコ・モヒカが細菌の中で見出した奇妙な反復領域の構造。黒色の三角形は同一の30文字の配列である。他のブロックは36文字からなる異なった配列であり、モヒカはこれらの配列がウイルス感染の記録としてもたらされ、将来同じウイルスによる感染が起きた場合に、ウイルスを撃退するための防御システムであることに気づいた。

じ分野の同僚から関心を持たれることもほとんどなかったが、彼は自分が見つけた奇妙な短い配列に見切りをつけることはできなかった。彼は別の種類の細菌の配列も調べ、最初の発見から7年後、21世紀が始まる頃までに、20の異なる細菌の種で同じような奇妙な配列を見つけた【3】。

これらの配列の何がそんなに変わっていて、モヒカの心を捉えたのか？ その配列とは、約30文字のDNAからなる同じ配列が何回も繰り返し現れ、さらに、それらの30文字のまとまった配列が、約36文字のDNAで隔てられていたのである。36文字のDNAはお互い異なっていて、彼はこれらのDNAをスペーサーと呼んでいた。この配列の様子を**図2・1**で模式的に示している。

研究資金がない状態で、これらの奇妙な配列の機能を調べるためにモヒカができる実験は限られていた。30文字の繰り返しは、これまで報告されたどんな配列にも似ていなかったため、それらの機能をどうやって調べたらよいのかわからずに途方に暮れていた。しばらくして、モヒカは繰り返し配列の間にある、互いに異なる36文字のスペーサーに注目するようになった。彼は個々のスペーサー配列を、さまざまな生物種の遺伝子やゲノムの配列データが保存されているデータベースに繰り返して入力し、似ている配列がないか調べた。最初、彼は一致する配列を見つけることはできなかった。しかし、世界中の科学者たちは日々、数多くの配列をデータベースにアップロードしており、2003年のある日、とうとうモヒカは一致する配列を見つけたのだ。

彼が配列を決めたばかりの、ある大腸菌のスペーサーが、データベースの中のある新しい配列と一致した。それは、細菌に感染するウイルスの配列だった。それは起源の古い細菌に感染するウイルスではなく、大腸菌に感染するウイルスだった。さらに重要なことに、このスペーサーを持つ大腸菌は、そのウイルスに抵抗性をもつ株だったのである。

この発見に元気づけられて、モヒカはこれまでに配列を決めた4500個のスペーサーすべてについて、辛抱強くデータベースで検索し直した。このとき、88個がデータベースの中の配列と一致し、それらの約65%は、そのスペーサーを持つ細菌に感染したウイルスの配列と一致したのだ【4】。

モヒカは、細菌の株とウイルスに関するこれまでの知見をふまえて、細菌の中に特定のスペーサーが存在することと、その細菌が同じ配列を持つウイルスへの抵抗性を持つことの間に相関があると結論づけた。彼は、細菌の持つスペーサーは、攻撃的な侵略者に対抗するために開発された、細菌の免疫システムの一部であると考えるようになった。

モヒカは1年半の間、自分の発見を論文として発表しようとしていた。科学者にとって、有名な雑誌で論文を発表することはとても重要なことである。それによってあなたの評価は高まり、成功の証となり、助成金が得やすくなるからだ。さらに、他の研究者たちがあなたの論文を読み、その成果から学び、研究分野の進歩につなげる機会も増えるだろう。しかし、モヒカが投稿した著名な雑誌はすべて、彼の論文を受理しなかった。彼は落胆し、誰かが同じ関連性を見つけて、先に発表してしまうのではないかという懸念から、結局2005年に世間ではあまり知られていない雑誌で論文を発表した【5】。

他の研究者たちもこれらの奇妙な細菌の配列に興味を持ち始めていたので、論文を出すことを優先したのは、おそらく賢明な判断だっただろう。モヒカと同じように、他の研究者たちもゲノム編集の技術を生み出そうと考えていたわけではなかった。彼らは、細菌兵器として使われた病原体を同定し追跡する新しい方法の開発、あるいはヨーグルトの商業的な生産を向上させようとして細菌を調べている過程で、偶然その配列を見つけた【6】。モヒカと同じように、これらの研究者たちも、細菌がウイルスの感染から自身を防御するために、何らかの形でこの繰り返し配列を使っていると推測した。また、奇妙な繰り返しの近くのゲノム領域に、タンパク質をコードする配列が存在することも明らかになった。しかし、当初そのタンパク質が何をしているかは正確にはわからなかった。

2007年、世界的な雑誌のひとつであるサイエンス誌にある論文が発表されたとき、科学界はその細菌の配列の重要性に気がついた。その論文では、細菌の繰り返し配列が実際にウイルスに対する防御を与えていること、また、繰り返し配列の近くにコードされたタンパク質が、この防御の過程に必要なことが示された。基本的に、もし細菌がウイルスの攻撃から生き延びたら、その細菌はウイルス遺伝子の一部をコピーし、繰り返し配列の間に36文字のスペーサーとして自身のゲノムの中に挿入する。その結果、その細菌は同じウイルスによるその後の攻撃に対して抵抗性を持つようになるのだ【7】。

この論文の発表をきっかけとして、研究のスピードが加速し始めた。研究者たちは、細菌にウイルスが感染すると、細菌は自身のゲノムに挿入されたウイルスに特異的な配列をコピーすることを実験的に証明した。これらのコピーは、ウイルスゲノム上の一致する領域に結合する。その後、繰り返し配列の近傍にコードされたタンパク質がウイルスのDNAを攻撃して破壊し、ウイルスの感染が食い止められる【8】。

これらの成果が発表される時点までは、すべての研究は、細菌について、また細菌がどのようにウイルスに対して自己防衛しているのかについて興味を持つ研究者によって行われていた。しかし2008年までに、少なくとも一部の研究者たちはこの研究結果はもっと大きな影響力を持つと思い始めていた。細菌を使った実験結果は、繰り返し配列自体が免疫機能に必須であることをはっきり示しており、基本的にその結論は変わらなかった。しかし、科学者たちは自然に存在するスペーサー領域を新しいスペーサーに置き換え、そのスペーサーがウイルスゲノム上で一致する場所を探し出せるようにすると、システムがきちんと作動してウイルスDNAが分解されることを見出していた。言い換えると、スペーサーは取り替え可能なカセットであり、このシステムを使うことで、どんな標的DNAでも分解できるようになるかもしれないと考えたのである【9】。

このシステムの斬新で興味深い性質は人々の想像力を刺激し、この細菌の免疫システムについて研究する研究グループの数は増えていった。システムが正しく機能するには、繰り返し領域の正確にどの部分が必要で、どのタンパク質が必要かを検討することで、細菌の中でどのようにこのシステムが働いているのか、その詳細が徐々に明らかにされていった。

2012年6月28日、衝撃的な論文がサイエンス誌のオンライン版で発表された【10】。それは、エマニュエル・シャルパンティエ（Emmanuelle Charpentier）の研究チームとジェニファー・ダウドナ

（Jennifer Doudna）の研究チームによる共同研究の成果であり、細菌の適応免疫反応に重要な別のDNA配列を見出した、シャルパンティエの初期の研究成果に基づいたものだった。2人の女性によるこの論文には3つの素晴らしい成果があった。まず、彼女たちはシステムを簡略化した。通常、細菌の中では、2つの離れたゲノム領域のコピーがつくられ、それら2つの分子が一緒になってウイルスのDNAを標的とする。シャルパンティエとダウドナは、両方の領域を合体させ、ひとつのハイブリッド分子だけで機能できるようにした。彼女たちはさらに、繰り返し配列の近傍からつくり出されるタンパク質のうち、たったひとつのタンパク質が、ウイルスDNAの分解を引き起こすために必要なことも明らかにした。彼女たちの3つめの偉大な成果は、生きた細菌の中ではなく溶液中でそのシステムを動かすことに成功したことである。

これは驚異的な進展だった。システムを単純化し試験管内で操作できるようにすることで、シャルパンティエとダウドナはこの技術を細菌の中から解放したのである。もはや細菌の世界に制限されることはなくなった。2人は、自分たちの発見が意味することを鋭敏に察知し、論文の要旨の中で、「自分たちの発見は、このシステムを応用することで、自在に設計することができるゲノム編集の実現可能性を浮き彫りにするものだ」と述べていた。しかし、本当に有用なものにするためには、そのシステムを活きた細胞の中で使ったときに、細胞内できちんと機能させる必要がある。

わずか7か月後、フェン・チャン（Feng Zhang）の研究チームからひとつの論文が同じ雑誌に発表された。その論文では、この新しい方法が実際にヒト由来の細胞を含む種々の細胞の中で機能することが示された【11】。生命の暗号をハッキングする能力が実際にもたらされたのである。

◆ゲノム編集はどのように働くのか

地球上のあらゆる生物のゲノムを驚異的なスピードで、簡便に、正確に、そして安価にハッキングできるようにするこの新しい技術の基本原理は、驚くほど単純明快である。オリジナルの方法では、基本的にシャルパンティエとダウドナがつくった手順と材料を使っていて、おもに2つの細菌に由来する構成因子に依っている。

2つの構成因子のうち、ひとつは「ガイド分子」と呼ばれている。これはRNAと呼ばれる、DNAと関連する物質からつくられている。RNAはDNAと同様に4つの文字から構成されている。ただし、2本鎖のDNAとは異なり、RNAは1本鎖である。2本のDNA鎖が互いに結合することで、象徴的な二重らせん構造をとるのに対し（**図1・1**参照）、RNAは単独で存在している。1本鎖というRNAの特徴が、ゲノム編集において重要になる。

DNAを巨大なジッパーとして考え、個々の歯が遺伝暗号の4つの文字のひとつに相当していると想像してみよう。ゲノム編集をするとき、ガイド分子であるRNAが巨大なジッパーに沿って滑り、歯の間に入り込もうとする。ただし、ほとんどの場合、ガイド分子とDNAジッパーの配列が一致しないため、この試みはうまくいかない。もしガイド分子が自分自身と同じDNA配列の領域を見つけたら、ガイド分子はジッパーである二重らせんに入り込むことができる。ヒトゲノムについての知識があれば、たとえば疾患の原因となる変異のように、ゲノム中に1か所しかないDNA配列に結合するガイド分子をつくるのは容易なことである。

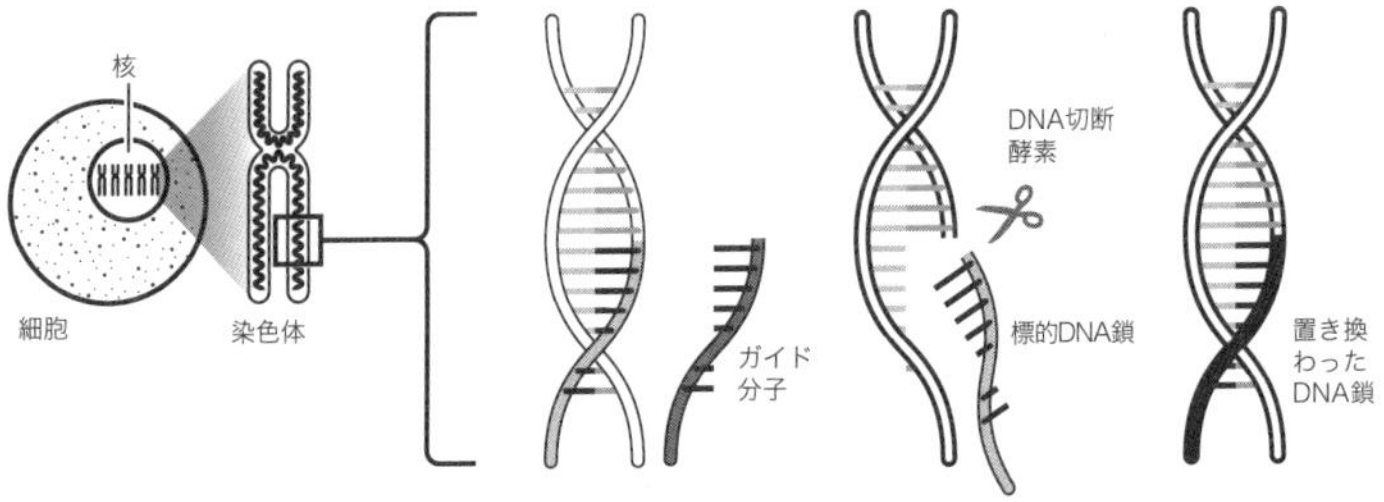

図2.2　ゲノム編集の基本原理。2つの主要な構成要素は、1本鎖のガイド分子と、DNAを切断する酵素（ハサミ）である。ガイド分子は化学的に合成され、その配列は、研究者が変化させたい遺伝子の配列と一致する。2つの主要な構成要素が細胞核の中に入ったら、ガイド分子が一致するDNA配列と結合する。挿入されたガイド配列の近くのDNAをハサミ酵素が切断し、通常の細胞に備えられた修復機構が、ガイド分子と一致する断片を取り除き、切断されたDNA断片を再結合させる。こうしてDNA配列を変化させる。すべての型のゲノム編集はこの原理をもとにしているが、多数の改変が行われ、たとえばわずか1文字のDNAを別の文字に変えるといった、はるかに正確性の高い変化をもたらすことも可能になっている。〔Reuter、Nature、MITの図を改変〕

ガイド分子が望みの場所にたどり着いたら、これでゲノム編集の標的を定める段階は完了である。次のステップでは、2つめの構成要素、ハサミのような働きをするタンパク質がDNA二重らせんを切断する。このハサミはゲノム上のあちこちに作用して、その場所をランダムに切断することはなく、ガイド分子がDNAに入り込んだ場所だけを切断する。これは、ガイド分子の中にハサミが認識する配列も含まれているからである。ハサミは、標的部位に入り込んだガイド分子に結合した場合のみ、DNAを切断する。基本的な過程については**図2・2**に示している。

この切断はDNAを傷つけることになるが、すべての細胞はもともと迅速にDNAを修復する機構を持っている。実際、細胞の修復機構はしばしば正確性よりスピードを優先し、修復に失敗することがある。その場合、切断されたDNAの端どうしが無理やりつなげられて、接合部分はもとの配列とは異なった配列になってしまう。その結果として、多くの場合標的となった遺伝子は機能しなくなる。

繰り返しになるが、これが、私たちがいまゲノム編集*と呼んでいるものであり、前章で紹介した、「インテリア（interior）デザイナー」ではなく「二流の（inferior）デザイナー」と間違えて印刷された名刺のアナロジーを使って想像することができる。ゲノム編集の初期のバージョンでは、余分な文字が挿入されたり、あるいは必要な文字が削除されたりして不適切な単語になっていた。「inferior」が「inferantior」、あるいは「inior」に変えられたりする。これらは明らかに無意味な単語であり、顧客には、名刺の持ち主がインテリアデザイナーだということは伝わらないだろう。

＊この技術はクリスパー・キャス9と呼ばれ、ほとんどのゲノム編集はこの基本メカニズムに依存している。特に明記しない限り、本書では「ゲノム編集」という言葉を、この方法とその変法を利用するすべての技術をひとまとめにした言い回しとして使用する。

これは印刷に限った話に思えるかもしれないが、遺伝学において、遺伝子の働きを止めるにはきわめて有用な方法になり得る。科学者たちは、ある特定の遺伝子が細胞、あるいは個体の中で何をしているかについての仮説を検証できるし、変異の入った遺伝子が危険なタンパク質をコードしている場合、その治療に役立つ可能性もある。

もちろん、ガイドRNAと、DNAを切断するためのタンパク質を、ゲノム編集したい細胞の中に導入する必要があるが、少なくとも研究室ではそれほど難しいことではない。ある種類のウイルスは、細胞の中に入り込むことを得意としながら、宿主に悪影響をもたらすことはないため、そのようなウイルスを利用することでこの問題は解決できる。科学者たちは、ゲノム編集に必要な2つの構成要素をウイルスの中に詰め込み、その後でそのウイルスを標的細胞に感染させる。いったん細胞の中に入ると、ウイルスは搭載した構成要素を遊離し、ゲノム編集の過程が始まる。

この技術について、数多くある利点のうちのひとつは、いったんゲノムを改変したら、その変化はその後ずっと存在することである。ゲノム編集はDNAに恒久的な変化をもたらす。トロイの木馬としてのウイルスが分解されたり、ガイドRNAやハサミのタンパク質が分解されても問題ない。DNA配列の中の変化は存続するからである。

神経細胞や心筋細胞のように分裂しない細胞では、編集されたゲノムは、その細胞が生きている間保持されるだろう。分裂する細胞では、編集されたDNAは分裂によって生み出されるすべての細胞に受け渡されることになる。たとえるなら、永遠に人気が衰えない一発屋といえるかもしれない。

最も初期のゲノム編集は、科学者たちに遺伝子を不活性化するための非常に優れた技術をもたらした。しかし、研究者たちは決してそれでは満足せず、この基本的なシステムは世界中の研究室によって壮大にハッキングされた。彼らは基本的な道具を改良し発展させた。いまや30億あるヒトゲノムのわずか1文字を、意図する文字に完全に置き換えることができる。名刺のアナロジーでいうと、私たちは実際に「二流の（inferior）デザイナー」を「インテリア（interior）デザイナー」に改変することができるのである。

それだけではない。もしあなたが、父親から受け継いだ遺伝子ではなく、母親から受け継いだ遺伝子だけを変えたかったら、それも可能である。もしかしたらあなたは、ある遺伝子のスイッチをオフにしたり、その配列を変えたりするのではなく、その発現量だけを変化させたいと思うかもしれない。

嬉しいことに、そのような目的にもゲノム編集を使うことができる。

2012年、シャルパンティエとダウドナが細菌の現象であったゲノム編集を広い世界に解き放ってから、生命の本を改変できる科学者や研究室の数は急増した。次章以降、彼らが目指してきたことを、いくつか見てみることにしよう。

第3章

世界中の人が食べていくために

HACKING THE CODE OF LIFE

この地球上でヒトの数は絶えず増加している。世界人口は１８００年頃に10億に達し、１９３０年には30億、１９８７年には50億、現在その数はおよそ76億となり、いまでも増え続けている【1】。隕石の衝突のような地球規模の災害がない限り、２０２３年には80億に達すると国連は予測している【2】。

人口の増加がはたして問題かどうか尋ねたら、ほとんどの人は「問題だ」と答えるだろう。それは正しい。私たちは有害な種であり、環境を破壊し、この地球上で一緒に暮らしている膨大な数の他の生物を絶滅させている。この問題に対して私たちが何をすべきか先進国の人に尋ねると、ほとんどの人は「人々は多くの子どもを持つのをやめる必要がある」と答えるだろう。

この答えには2つ大きな問題がある。まず、ここでいう「人々」とはたいてい自分以外の他人、通常は発展途上の国の人々を指している。最も経済的に発展した国の子どもたちが環境に与える影響は、発展途上の国の子どもたちに比べてはるかに大きいことを考えると、これは実にばかげた答えである。たとえば、典型的なアメリカ人は、バングラデシュの人の40倍もの二酸化炭素を排出している。

「人々は多くの子どもを持つのをやめる必要がある」という答えのもうひとつの問題は、ある重要な事実を無視していることである。私たちの地球にとって本当に問題なのはこれから生まれる人の数ではなく、すぐに死なない私たち自身の数であり、それこそが重要な問題なのだ。

2人の子どもを持とうとしている25歳のカップルを考えてみよう。両親が死んだら子どもたちが彼らに代わるので、2人という子どもの数は合理的といえるだろうか？　25年早送りしてみよう。もとのカップルはまだ50歳で、2人の子どもたちも子どもを持つと、彼らは祖父母になる。最初の子どもたちは、両親と同じように、子どもを2人ずつ持つことにした。さらに25年経つと、最初のカップルは75歳になり、彼らは2人の子ども、4人の孫、そして8人のひ孫を持つことになる。もともと2人がいた地球には、いまや16人がいることになる。

出生率はかなり前から減少している。１９５０年、世界の平均出生率は、毎年１０００人あたり37・2人だった。現在はだいたいその半分で、毎年１０００人あたり18・5人である【3】【4】。同じ期間、死亡率は同じ傾向を示している。１９５０年では、毎年１０００人あたり18・1人であったのに対し【5】、２０１７年では、毎年１０００人あたり8・33人に減少している【6】。

現在の死亡率に基づくと、イギリス人の平均寿命は男性では79・2歳に、女性では82・9歳に上昇した【7】。１９５１年、その数字はそれぞれ66・4歳と71・5歳だった【8】。

死亡率が出生率を下回る限り、世界の人口は増加し続けるだろう。もし出生率が減少し続けたら、世界人口の増加速度は減少するだろうが、少なくともしばらくの間は世界の人口は増え続けると予想される。

この地球上で増加の一途をたどる人間の数がもたらす結末はおそろしい。資源をめぐる争いがますます激しくなるだろう。最も懸念される問題のひとつは、どうやってすべての人に食料を供給するか、また、私たちが将来依存する環境を破壊することなしに、どうやってそれを成し遂げるか、ということである。

世界中の人間にとって十分な食料を作り出すことはできない、と主張されることがあるが、実際にはこれは正しくない。目を見張るほど不健康な欧米スタイルの食事は、社会が裕福になるにつれて標準になるが、確かにそのような食事をすべての人に供給するのに十分な食料を生み出すことはできない。ひとりあたりの1年間の肉の消費量は、発展途上国の25キログラムに比べて、先進工業国では88キログラムである【9】。ある量の人間の食料を生み出すために、環境負荷を抑えた飼育システムを使わない限り、動物には必然的に植物より多くの資源を投じる必要がある。極端な例を挙げると、集約的な飼育システムでは、1キログラムの牛肉を生み出すために7キログラムの飼料が必要になる。

私たちは、おそらく欧米並の肉の消費量を支えることはできないし、欧米で一般的な過剰消費を支えることはできない。イギリスでは64%の成人が太りすぎ、肥満、あるいは病的な肥満と診断されている【10】。アメリカではこの数字はさらに高く70・2%である【11】(日本の成人の肥満の割合は男性では31・3%、女性では20・6%)。この状況による皮肉な結果として、まず間違いなく世界的な死亡率は上昇し、平均寿命は下がり、人口増加の速度はゆるやかになるだろう。しかし、それでも地球上の私たちヒトの総数は、今後何年にもわたって増え続けるだろう。

食料をつくっても、それを最も必要とされている場所に届けることができないことがよくあるが、これは基本的に物流の問題である。この状況は食料廃棄の問題によっていっそうひどくなる。インフラ整備が不十分な国では、大半の食料がそれを必要とする人のところに届く前に腐るなどして駄目になってしまう。先進工業国では、栄養バランスの取れた大量の食料が、見た目が悪いといった理由で食品流通に回されず廃棄されている。さらに、それより多くの食料が小売店で処分されたり、あるいは買いすぎた顧客によって捨てられたりしている。世界的に見て、人のためにつくられたすべての食料の3分の1が廃棄されている【12】。

それゆえ、膨れ上がった人類を食べさせるには、いくつかの主要な問題を解決しなくてはならない。私たちは肉の消費量を減らし、過食をやめ、つくった食料をすべて消費する必要がある。これを達成するには、これまで当然のように考えてきたふるまいを変える必要がある。つまり、先進工業国のほとんどの人の生活基準になっている、肥満をもたらす環境を急いで改めること、また、食べ物が安価で使い捨て商品だという考え方を改めることである。残念ながら、人類の長期的利益を見据えた決断を下すことに関していうと、個人、政府、社会として私たちは驚くほど無力である。なぜなら、これは科学的に対処するには大きすぎる問題だからだ。しかし、よりすぐれた食料、よりたくさんの食料を生産することにおいては、科学が役に立つかもしれない。そう、ゲノム編集の出番である。

◆育種を加速させる

植物の持つある特徴は、植物の遺伝子操作を非常に難しくしている。植物の細胞は堅い壁(細胞壁)で覆われており、それが新しい遺伝物質を無理やり細胞の中に入れようとする際に問題となる。また、小麦やジャガイモ、バナナのような商業的価値の高い植物の多くは、非常に複雑なゲノムを発達させてきた。ほとんどすべての哺乳動物の種は、それぞれの遺伝子を2コピーずつ持っている（ひとつを母親から、ひとつを父親から受け継いでいる）。しかし多くの植物は、進化のさまざまな時点で、自身のゲノム全体を倍化させてきた。たとえば小麦は、すべての遺伝子を6コピーずつ持っている。もし小麦の遺伝子を変えたいと思ったら、6コピーのすべてを変える必要がある。それゆえ、植物での遺伝子改変は哺乳動物細胞に比べてはるかに難しい。

しかし植物は、これらの問題点を補って余りある、ゲノム編集にとって有用な特徴も持っている。たとえば、もしマウスの体の一部分、たとえば肢である遺伝子を編集した場合、その肢を使ってマウスの個体をつくることはできない。しかし、これまでセイタカアワダチソウやチガヤのような、しつこい雑草を取り除こうとした園芸家なら誰でも知っているように、多くの植物は、花壇の土の中に残されたわずかな根からも植物体全体をつくることができる。それゆえ、いったん植物細胞の遺伝子をうまく編集できたら、同じ植物体を簡単に繁殖させることができる。

植物の研究者たちは、ゲノム編集の技術が、新しい植物の品種をつくるまでの効率、スピード、容易さにおいて、革命をもたらす可能性があることをいち早く認識した。ダウドナとシャルパンティエの画期的な論文が発表されたわずか1年後に、ゲノム編集された植物が数多くの研究グループによってつくり出された【13】【14】【15】。それ以来、研究者たちは技術を改良し、あらゆる植物の種で使えるようにした。

望ましい形質を持つ植物同士を人為的に受粉させることで、これまで数千年かけて新しい新種をつくり出してきたことを考えると、なぜ植物でわざわざゲノム編集を利用する必要があるのか疑問に思うかもしれない。まず、ひとつの理由はスピードである。かんきつ類の果樹のようにゆっくり成熟し、繁殖力も低い植物にとって、新しく得られた子孫が望んだ形質を持っているかどうか、本当に繁殖するかどうかを判断するのに、人の一生に近い時間がかかる可能性がある。最新のゲノム編集技術を使えば、この過程は大学院生が博士課程の研究プロジェクトを終了させるのにかかる時間より短くなるくらいまで加速されるだろう。

別の事例として、ある植物の集団に遺伝的多様性がほとんどないという場合がある。1970年代、イギリスの田園地帯では、ほとんどすべてのニレの木が甲虫によって媒介された菌によって立ち枯れてしまったため、その外観は回復不可能なほど変わってしまった。2004年、研究者たちが現存するニレの木のDNA配列を調べた結果、ほとんどすべてのイギリスのニレの木が、遺伝的に見て信じられないほど似ていることがわかった。それらの木は、本質的に2000年前にローマがイギリスに侵攻したときに持ち込まれた最初の木のクローンだった【16】。遺伝的な多様性がないということは、菌に耐性を持つイギリスのニレの木は存在せず、個々の木を掛け合わせて菌に耐性をもつニレの木をつくろうとしても、無駄な努力に終わるということを意味している。将来ゲノム編集を使うことで、遺伝的多様性が非常に限られた植物の集団に、多様性をもたらす方法がつくり出されるかもしれない。

伝統的な育種に関する別の問題として、エルサンタと呼ばれるイチゴの品種がよい例となる。スーパーではこのイチゴの品種は重宝されている。このイチゴは、水分が十分にあればその分大きく育つ。そうして育ったイチゴは赤くおいしそうな見た目で、輸送中も干からびることはない。ただし、ひとつだけ問題がある。ほとんど味がしないのだ。これは、さまざまなイチゴの品種を掛け合わせてこのイチゴの品種をつくった際、イチゴの甘く素晴らしい味をもたらす遺伝子が、傷みやすい遺伝子、あるいは色が悪くなるような遺伝子と一緒に失われてしまったためである。しかし、ゲノム編集なら、正確に変えたいと思う遺伝子だけを変えて、他のすべての遺伝子はそのままにしておくことができると期待されている。

◆優れた穀物をつくる、一編集ずつ確実に

利益を約束するのと、実際に利益をもたらすのはまったく別物だ。しかし、ゲノム編集の分野を特徴づける驚異的なスピードがあれば、潜在的利益は瞬く間にもたらされる。

研究者たちは食品ロスを最小限にする新しい方法を見つけている。専門的にいうとキノコは菌類に属するが、通常スーパーの野菜コーナーで見つけることができるので、ここでは野菜に含めることにしよう。マッシュルームは成長すると茶色に変色する傾向があり、そうなったら捨てられてしまうことが多い。研究者たちはゲノム編集を使って、茶色にならないマッシュルームをつくり出すことに成功した【17】。このマッシュルームが流通すれば、簡単に無駄を減らすことができるだろう。

食べ物と健康との間には重要な相互関係がある。私たちはみな、バランスが取れた多様な食事が重要なことを知っているが、もし主食の成分のひとつが、あなたの健康を害するとしたらどうだろうか？　セリアック病は人口の約1％で見られる。この疾患の患者では、小麦粉の中のグルテンというタンパク質に対して、体内の免疫系が過剰な反応を引き起こす。これが腸の内膜を傷つけ、下痢や嘔吐につながり、極端なケースでは栄養失調やがんにつながることもある。スペインのコルドバにある持続的農業研究所（Institute for Sustainable Agriculture）の研究グループが、グルテンタンパク質をつくるために必要な45個の遺伝子のうち、35個についてゲノム編集を使って不活性化した。嬉しいことに、結果として得られた小麦粉は、食パンをつくるには不向きだが、バゲットづくりには申し分な

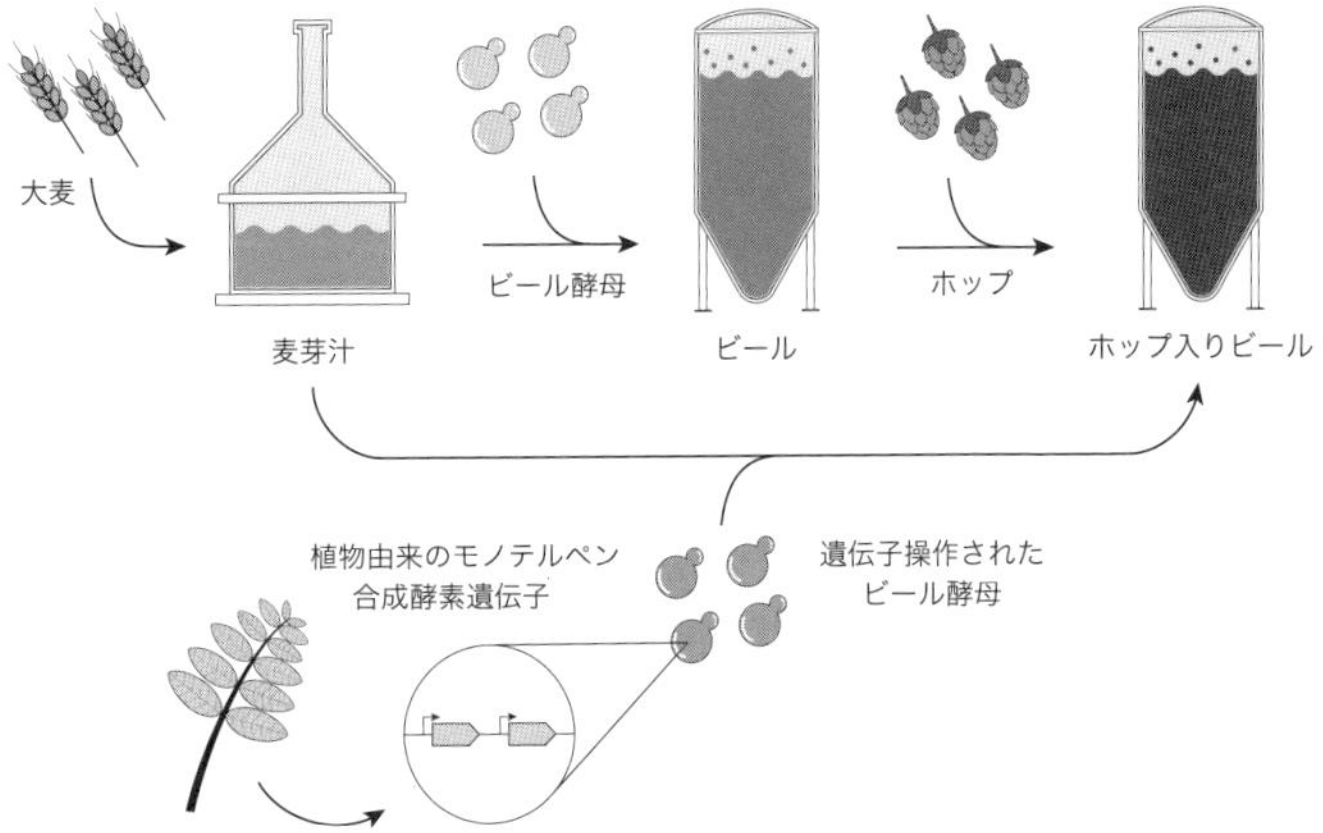

図3.1　遺伝子操作された酵母を用いたビール醸造過程の模式図。大麦から加工した麦芽と水、他の成分を混ぜ合わせて麦果汁にする。これにビール酵母を加えて発酵させることでエタノールと他の副産物がつくられる。ホップは発酵の前、発酵中、あるいは発酵後に加えられて、ホップ独特の苦みが付加される。苦みの主成分であるモノテルペン（リナロールとゲラニオール）の合成に必要な遺伝子をベルガモットミント、バジルから単離し、ゲノム編集技術を使ってビール酵母のゲノムに組み込んだ。この酵母を利用することで、ホップと同等の苦みを含むビールをつくることができる（文献19を参照）。

いと彼らは報告した【18】。セリアック病のフランス人はきっと喜ぶに違いない。

ゲノム編集は食品の製造コストを下げるためにも使うことができそうだ。伝統的な製法でつくるビールは、醸造の過程でホップを使うことで特徴的な味を出している。ホップは高価であり、典型的な農業環境では生育させて収穫するのが難しい。またホップは水分をよく吸収する穀物で、1リットルのビールをつくるのに、50リットルの水を必要とする。カリフォルニア大学バークレー校の研究者たちは、ゲノム編集の技術を応用し、普通ホップによってつくられる風味を醸造用の酵母でつくり出せるようにした（**図3・1**）【19】。この技術はうまく機能し、実際に地方の地ビール醸造所の従業員たちは、醸造の過程でホップを加える伝統的製法でつくったビールよりも、ゲノム編集でつくったビールのほうがビールとしての風味が高いと感じたそうだ。

農業に関わる企業や経営者にとって、大きな追加資金を投じることなく、穀物の収穫を増やすことは、商業価値を高め、食料自給率を上げるという両方の観点から重要な目標となる。コメは世界人口の過半数における主食であり、特に低所得国、中所得国で重要な穀物である【20】。コメの収穫を維持し向上させることは、食料の安全保障にとってきわめて重要である。

上海の中国科学院とアメリカインディアナ州のパデュー大学は、共同でゲノム編集によるコメの収穫向上に取り組んだ。コメには、乾燥や塩分のような環境ストレスの耐性に関わる13個の遺伝子セットがある。以前に農学者たちは、従来の交配技術を使って、ストレスの影響を受けにくいコメをつくることに成功した。残念ながら、同じ遺伝子がコメの成長抑制にも関わっていたため、交配種の収穫量は減少してしまった。そこで、アメリカと中国の合同チームは、これらの遺伝子に正しい組み合わせで変異を導入すれば、ストレス耐性を持ちながら収穫量の多いコメをつくり出せるのではないかと推測した。これは昔ながらの掛け合わせではほぼ不可能な実験である。正しい遺伝子変異の組み合わせを持つ品種を得るためには、何世代も掛け合わせをする必要があり、途方もない時間がかかる。しかし、新しいゲノム編集技術を使って、研究者たちはわずか2～3年で望む結果を出すことができたのである。彼らは、野外実験において他のどんな品種にも劣らないストレス耐性を示しながら、25～31%も収穫量が増加する新しい品種をつくった。これはきわめて重要な穀物の著しい生産性の向上につながる成果である【21】。

主要な農作物について、過酷な環境でも耐えられる品種をつくり出すことは農業においてきわめて重要である。皮肉なことに、増え続ける私たちの人口が、農業生産にますます大きな負荷を与えているからだ。農地での塩濃度は上昇し、そのために植物の成長と収穫が低下することになる。地理学者たちは、世界全体における耕作地の20%、かんがい農地の33%が高い塩分の影響を受け、その割合は毎年10%ずつ上昇していると推定している【22】。

また、農地は乾燥化しつつある。国連は、10億人の生活が砂漠化に脅かされると推定しており、その影響を受ける人たちは、そもそも世界で最も貧しい生活をしている地域の人々であることが多い【23】。水をめぐる競争は、すでに国内外の紛争の原因になりつつある【24】。

砂漠化という環境変化は、乾燥といったストレスに対してより耐性を示す品種をつくろうとして、新しいゲノム編集技術が急速に広まりつつある理由のひとつである。このアプローチが実行可能であること、また、環境ストレスに対する耐性を向上しながら、収穫には特にマイナスの影響がなく、むしろプラスの効果をもたらすことを示したコメの話は、とても勇気づけられる。同様の技術がトウモロコシにも用いられ、乾燥に耐え、収穫も4%増加する品種がつくられた【25】。

すべては正しい方向に向かって進んでおり、丈夫で、環境ストレスによく耐え、高い資金を投じることなく収穫を向上させる農作物がつくり出されている。私たちにはとても明るい未来が待っていると考えたくなる。しかし、少なくとも2つの問題が、この期待に水を差すことになるかもしれない。いずれも科学的な問題ではない。それは、どのように技術が発展するかについての問題ではなく、人々や政府がその技術をどのように用いるかという問題である。

ゲノム編集によってつくられた新しい農作物の品種によって、農業従事者が既存の農地をより効率よく使うことができるようになれば、これは素晴らしい成果である。しかし、私たちは常に予期せぬ結果を考える必要がある。もし新しい品種が耕地を広げることに使われて、これまで耕作限界地、あるいは農業に不向きだった土地を耕地に変えることになったら何が起きるだろうか？　そのような耕作限界地には、しばしばそこにしか生息できない種が生息しているため、耕地にすることで必然的に生物多様性は失われることになるだろう。もし、食品の廃棄や過剰消費という、根本的な問題に取り組むことなく新しい技術が導入されたら、せいぜい破滅のシナリオを遅らせるだけで、最悪の場合、破滅への歩みが加速されるだろう。科学だけではこの問題を解決できない。

◆市場に届く

ゲノム編集を施した作物をつくることに関する別の問題は、同じくらい厄介な問題である。そもそも、生産者はそうした作物を植えて収穫し、消費者に売ることが許されるだろうか？　この問題に関する世界的なコンセンサスはなく、長年にわたる遺伝子組換え作物（GM作物）に対する反発を考えると、受け入れられるまでの道のりは、かなり険しいものになるかもしれない。

そうした状況は、あなたが住んでいる場所によって変わるかもしれない。2014年、アメリカでは7000万ヘクタール以上の土地がGM作物に使われていた。欧州では、同じように使われた農地は約10万ヘクタールであった【26】。この違いは、それぞれの地域の規制の違いに依るところが大きい。一方、そのような規制は、圧力団体や消費者運動の強い影響を受ける。このような状況が、世界の他の地域の受け入れ方にも影響を及ぼしてきた。

研究者たちはGM作物に対する反発にひどく悩まされてきた。その最たるものがゴールデン・ライスである。これまで議論してきたように、コメは世界の数十億の人々にとって主要な食料である。ただし、コメは完全な栄養源ではなく、コメでは摂れない栄養素のひとつがビタミンAである。ビタミンAは健全な免疫系や視覚系の発達にとってきわめて重要な栄養素である。世界保健機関（WHO）の報告を引用すると、毎年、推計25万〜50万の子どもが、ビタミンAの欠乏によって失明し、その半数が視力を失ってから12か月以内に亡くなっている【27】。もし就学前のすべての子どもが十分な量のビタミンAを摂っていたら、感染症による100万〜200万の子どもの死に加えて、このような失明による子どもの死も避けられたかもしれない【28】。

ゴールデン・ライスは、種子の中で外来の遺伝子を発現させ、β-カロテンを産生するように遺伝子改変されたコメである。β-カロテンはヒトの体内で容易にビタミンAに変換される。ゴールデン・ライスの開発を記述した最初の論文は2000年に発表された【29】。その後の研究によってゴールデン・ライスは改良され、その中でつくられるβ-カロテンの量が増加した。ボランティアによる試験によって、ヒトが実際にこの作物の中のβ-カロテンをビタミンAに変換し、それが失明や感染を防ぐのに十分なレベルであることが証明された。

しかしながら、ゴールデン・ライスはいまだ市場に届けられてはおらず、これから数年の間にバングラデシュとフィリピンで消費者に届けられるかもしれないが、その保証はない。ゴールデン・ライスが最初に実験室の環境下で育てられてからもう20年以上になる。もちろん、開発のための時間は必要であり、とても貧しい国の人々に、次の日に届くようなことは誰も期待していなかった。しかし、20年というのはあまりにも時間がかかり過ぎていないだろうか？

今回のケースは、欲深い企業のために、世界の最も貧しい人たちがどうしても必要なものを手にできなかった、という話ではない。ゴールデン・ライスの生産に関わるすべての企業は、自給自足の農民や小規模の農民に対して、普通のコメと同じ値段でゴールデン・ライスを提供すること、またコメの収穫や植え替え用の種の貯蔵を制限しないことについて、すみやかに同意した。

最も強力な反対勢力は、グリーンピースのような欧米の圧力団体である。２０１６年、１００人を超えるノーベル賞受賞者（存命するノーベルメダル保持者の約3分の1にあたる）が、グリーンピースに公開書簡を送り、遺伝子組換え生物、特にゴールデン・ライスに対する彼らの立場を批判した【30]。グリーンピースの反応は基本的に予想通りであり、ゴールデン・ライスの導入を受け入れることは、すべてのGM作物に対する反対の立場を失うことを意味する、という考えに基づくものだった。

ここには、もし道義的な見地からGM作物に反対するのであれば、すべてのGM作物に反対しなければならない、という哲学的論理がある。子どもを亡くした両親、あるいは本来回避できたにもかかわらず永久に視力を失ってしまった子どもたちに対して、これらの反対勢力がきちんと彼らの論理を説明したかどうか、気になるところである。

◆科学と規制が出合うとき

「ゲノム編集」という言い回しは、ゲノムをきわめて正確に、そして簡単に変えることのできる、

2012年以降に発達した技術を指して用いられる。この技術は、本質的には遺伝子改変に類するものであり、生物のゲノムを変えるために分子的な技術を使っている。しかし、ゲノム編集には、その簡便さに加えて、従来の技術と比べて数多くの違いや利点がある。ゲノム編集を使うことで、より小さな改変をゲノムに入れることができ、その際に外来の遺伝物質をほとんど残さない。技術的に最も洗練された形のゲノム編集では、分子的な痕跡をまったく残さない。それは、アルファベットの1文字だけが正確に変更され、それ以外に何も違いがないようなものである。ゲノム編集のこの明らかな特徴によれば、科学者によって研究室の中でゲノム編集された生物と、同じ場所に同じ違いを持つ、自然に発生した変異体とを区別するのは不可能である。

初期につくられたGM作物に対する反対は、しばしばゲノムに導入される大きな変化に基づくものだった。このような変化は、外来の遺伝子(望ましい形質の安定な発現を保証するためにしばしば挿入される)が、野生の集団に拡散し、植物の生態系をゆがめる、あるいは異常な機能をもつ新しい変異体がつくられる、という懸念につながった。GM食品が、詳しくわからないしくみでヒトの健康を害するという懸念もあった。

これらの悲観的予測はどれも現実には起こらなかったが、だからといって、そのような懸念を持つことがばかげているということではない。革新的な技術は予想外で思いがけない結果をもたらす可能性があり、監視しながら段階的に導入する期間を設けるのはきわめて適切なことである。

人生にリスクはつきものである。問題は、私たち全員、リスクの評価が下手だということである。複数の死傷者を伴う列車事故が起こると、人々は怖がってバイクで通勤や通学をすることがあるが、そもそもバイクは列車に比べてはるかに危険な交通手段である。小さな新しいリスクは、古くからある大きなリスクに比べて、私たちをよりいっそう怖がらせる。古くからあるリスクの水準はすでに私たちの生活に組み込まれ、それについてあえて意識しなくなっているからだ。

新しいどんな技術でも、リスクがまったくないと考えるのは非合理的である。少なくとも既存の技術と同じ程度には危険とみなすべきだろう。昔ながらのGM植物でさえ、伝統的な植物の育種方法よりも大きなリスクをもたらすという説得力のあるデータは、あったとしてもきわめて限られている。ゲノム編集の高い正確性と、かつてのGMと比べてより限定的なゲノム改変であることを考えると、政府などの規制当局がゲノム編集された植物を今後どのように扱うか興味深い。

2016年から2018年はじめにかけて、アメリカの農務省は、十数種類以上のゲノム編集作物の製作者に対して、それらを規制する必要はないと伝えた。2018年3月28日、アメリカの農務長官であるソニー・パーデュー（Sonny Perdue）は、ゲノム編集作物について、現時点で規制しておらず、また将来的に規制する予定がないとする報道発表をした【31】。これは、規制に縛られることなく、そのような植物をデザインし、栽培し、販売できることを意味する重要な先例であり、ゲノム編集の利用と市場への参入が加速されることになるだろう。

その論理的根拠はきわめて単純である。もしゲノム編集の結果として起こる遺伝的な変化が、自然界でも起きる、あるいは起こりうるものならば、規制当局が関与する必要はない、という立場である。そうした変化としては、遺伝暗号の文字を変える、追加する、あるいは取り除く、さらに、近縁種に由来する配列を加えるなどが考えられる。これらは、通常の植物育種を通じて起こりうる変化である。

それゆえ規制当局は、もしある変化が従来の園芸技術で起こった場合は承認して、遺伝的には区別できないまったく同じ変化がゲノム編集を通じてつくられた場合はそれを規制する、というのは不合理であるという立場を取った。

ただし、ゲノム編集による品種改良が完全に自由ということではない。当然のことながら、有害植物や、有害植物に由来する遺伝物質に対してそのような論理が適用されることはないだろう。

過去、GM作物に反対する多くの活動家の懸念のひとつは、GM作物をつくるために必要とされる高度な技術は、多国籍企業に過大な力を与える可能性があるというものだった。また、そのような企業は、社会の最も貧しい人々を実際に支えている作物ではなく、高価な商業作物に労力を集中させる傾向があることにも批判が向けられた。たとえば、キャッサバは7億人近い人口を支える必需食料であるが、キャッサバを改良するための投資は、小麦を改良するための投資に比べてほんのわずかであった。最近のアメリカ農務省の裁定によって、これらの軽視されがちな作物についても、ゲノム編集を使った改良が進むかもしれない。

そもそも、新規のGM作物の開発を難しくし、高コストにしていた障壁は、長期の試験と申請にかかる高額な費用だった。これらの経費の多くを一掃する最近の裁定は、ゲノム編集の相対的な容易さも相まって、優れた作物の作製をより一般的なものにし、これまで注目されなかった作物が研究室へ持ち込まれ、そして耕地へと送り出されるかもしれない。

アメリカ農務省の声明は、イノベーションの推進によって重要な波及効果がもたらされるということを明確にした。この声明はそれ自体、作物を改良したいと望んでいる科学者たちの研究を刺激するだろう。優れた品種をつくっても、規制による制約のために育てられない、あるいは食べてもらえないことになるのであれば、誰もそのために一生懸命努力しようとはしない。

EUでもアメリカと似たような決定が下される兆候があった。イギリスのようなEUの加盟国は、圧力団体による強力なロビー活動やキャンペーン活動の結果として、GM作物にきわめて厳しい制限を課していたため、今回アメリカと似たような決定が下されれば、それは過去との強い決別を意味するものである。2018年、欧州司法裁判所は、ゲノム編集でつくられた作物には、2001年に導入されたGM作物に対する規制を適用しない見込みであることを示していた【32】。

しかし、2018年7月に最終的な決定が下されたとき、欧州で植物を研究する人たちは全員愕然とした。ゲノム編集によってつくられた植物は、2001年の規制を受けるというのである。

この欧州の規制をゲノム編集作物に適用することは、きわめて一貫性に欠ける判断である。ゲノム編集によってつくられた植物は、放射線、あるいは化学物質を使って植物にランダムな変異を導入して新しい植物をつくっている、植物育種家に対する法律で認められている範囲に完全に収まるものである。放射線や化学物質で入れた変異が有用な特徴をもたらせば、育種家はその植物を繁殖させ、生産し売ることができる。そうして導入したひとつの変異によって、従来よりもっと甘いトマトができたと想像してみよう。放射線、あるいは化学物質は、まず間違いなくその植物に、特に目に見える影響を示さない、他の予期せぬ突然変異を引き起こしているはずである。だが、結果として得られたトマトを、欧州内で育て、その苗や実ったトマトを売るのはまったく問題ない。

もしあなたがゲノム編集によって、トマトを甘くさせる同じ変異を導入したら、欧州内でそのトマトを繁殖させ、育て、苗やトマトを売ることができないのである。甘さに関係する遺伝子を見れば、放射線で導入した変異とゲノム編集で導入した変異の間に、ＤＮＡレベルでの違いはまったくない。ゲノム編集によって得られた植物と比べて、放射線によって得られた植物では、ゲノムの他の場所により多くの変異が入っている可能性が高く、それらがどこに入ったどのような変異か、確認して追跡し、管理することはできないだろう。

圧力団体のひとつ、地球の友（Friends of the Earth）はこの決定を歓迎したが、放射線を利用した品種改良に対する暗黙の容認については、不思議なくらい沈黙したままだった。それゆえ、いま欧州では、結果を管理することができない技術（放射線）のほうが、精巧に微調整された技術（ゲノム編集）よりも好まれるという、矛盾した状況に陥っている。リスクを理解する点においては、私たちほとんどの人間と同様に、法律も役に立たないように見える。

第4章

動物の世界を編集する

HACKING
THE CODE
OF LIFE

農業関係者が直面する多くの問題、たとえばどのように作物を病気から守り、どのように多額の追加資金を投じることなく多くの収穫を得るか、という問題は、畜産業でもまったく同じである。それゆえ、このような問題の解決に向けて、すでにゲノム編集技術が開発中であるとしても驚くことではない。すべてのケースにおいて、ゲノム編集の技術は動物をつくるために使われる。つくられた動物では、体の中のすべての細胞が編集されたDNAを持ち、さらにそのDNAを子孫に受け渡すことができる。編集されたDNAを持つ最初の動物の個体をつくるためには、仮親のメスに胚を移植する操作を含む、複雑な発生生物学的技術が必要なため、簡単なことではない。しかし、生まれた仔が健康ならば、普通の動物と同じように繁殖し、編集されたDNAと新しい特徴を受け渡すことができる。

基本的にゲノム編集の操作自体は単純だが、ゲノム編集動物をつくるためには、それに加えてクローン動物を作製する場合と同じ技術が必要になる。これらの技術はとても専門的であるため、農作物のゲノムを試験管内で編集できる研究室はたくさんあるものの、研究室で動物の胚のゲノムを編集して、そこから生きた動物個体をつくれる研究室の数はかなり限られる。エディンバラのロスリン研究所は、そのような操作ができる数少ない研究機関のひとつであり、熟練したスタッフと、ゲノム編集と家畜のクローニング（単一の細胞の核を使って個体を生み出す操作のこと）に必要な施設を有している。それもそのはず、そもそも、世界で初めてのクローン動物であるヒツジのドリーは、1996年にロスリン研究所でつくられたのだ。ドリーは乳腺細胞を使ってクローニングされ、カントリー・ミュージックの歌手であるドリー・パートン（Dolly Parton）にちなんで名前がつけられた（ドリー・パートンは豊かな胸で知られていたため）。当時に比べて、技術も文化も大きく進歩した。ロスリン研究所は、現在エレノア・ライリー（Eleanor Riley）が所長を務めており、将来この研究所から大発見がもたらされるときには、もう少し分別のある名前をつけてもらいたいものだ。

ブタの感染症を引き起こす、ブタ繁殖・呼吸障害症候群ウイルス（PRRSV）と呼ばれるウイルスがある。1980年代から養豚業界で問題になっており、アメリカだけで毎年5億ドル以上の損失をもたらしている。もし妊娠中のブタがこのウイルスに感染すると、すべての仔ブタが死産になる可能性がある。感染した仔ブタがなんとか生まれても、重度の下痢と致死的な呼吸器感染症を引き起こす。また、母親のブタが母乳を介して仔ブタにウイルスを伝播すると、5匹の仔ブタのうち4匹は死んでしまう。さらに、離乳した後の仔ブタが感染すると、成長が遅れてなかなか太らない。

ウイルスがこうした大惨事を引き起こすには、まずウイルスはブタの細胞、特に肺の中のある特殊な細胞に入り込む必要がある。ウイルスは、肺の細胞の表面に存在するタンパク質のある特別な場所に結合し、そのタンパク質をハイジャックすることで細胞に入り込む。ロスリン研究所の科学者たちは、ゲノム編集を使って、ウイルスが結合する場所を変えることができると考えた。もしウイルスがそのタンパク質に結合できなければ、細胞の中に入り込むことができずに死んでしまうだろう。

たとえばそのタンパク質を真珠のネックレスとした場合、ウイルスが結合する場所は、そのネックレスの中で唯一傷ついた真珠の粒と考えることができる。優れた宝石職人なら、その傷ついた真珠のみを取り除き、その端同士をまたつなぎ合わせることができ、ネックレスの持ち主はその後も完璧なネックレスを身につけられる。科学者たちはゲノム編集を使ってこれと同様な操作を実行した。ブタのタンパク質からウイルスが結合する場所だけを取り除き、他の場所はそのまま手を加えることなくつなぎ直した。

彼らがつくった仔ブタは健康で、そのタンパク質は通常通りの働きをした。さらに当初想定したように、PRRSVはもはやそのタンパク質には結合できず、それゆえそのブタはこのウイルスに感染しなくなり、それを仔ブタに伝播することもなくなった【1】。

ロスリン研究所は、Genus PICと呼ばれる繁殖会社と協力して、種畜として利用できるようにブタの系統群をつくっている。そうしたブタは、ウイルスに対する抵抗性を仔ブタに伝えることができ、その仔ブタもさらに次の世代に伝えることができる。このブタが繁殖すれば、PRRSVによる大きな被害をなくすことができるかもしれない【2】。

感染症による被害を防ぐためにゲノム編集の開発が進められている動物はブタだけではない。中国の陝西省にある西北農林科技大学の研究者たちは、ウシ結核に耐性を示すウシをつくるための第一歩を踏み出した【3】。これは、数年以内に多くの発表が期待できる分野である。

◆筋肉を最大に

畜産農家にとって、飼育している動物が感染症を避けられるのであれば、とても素晴らしいことである。しかし、彼らは飼育している動物に別の特徴を身につけてもらいたいと思っている。食肉、特に赤身の肉に対する消費者の需要は常に増加している。食肉生産者は、すぐに体重が増え、効率よく飼料を赤身肉に変え、いち早く市場に出せる動物を求めている。またもや、ゲノム編集がこの難題に挑んでいる。

ポークやベーコンに対する私たちの嗜好のために、毎年約10億頭ものブタが食肉処理されている。そのうち半分は中国での話であり、それゆえ、中国の研究施設がブタに対するゲノム編集に注力しているのは、不思議な話ではない。実際にゲノム編集を使って、中国の研究者たちは養豚家が直面する2つの問題を同時に解決することに成功した。

約2000万年前、現代のブタの祖先は、先史時代の熱帯や亜熱帯の気候の下で幸せに暮らしていた。そのような気候の下で生活するとき、急いで体を温めるシステムは不要であり、むしろオーバーヒートを起こす危険のほうが高くなるだろう。おそらくその結果として、ブタの祖先は他のほとんどの哺乳動物に見出されるある遺伝子を失った。この遺伝子は*UCP1*と呼ばれ、脂肪を急速に燃焼し熱を生み出すタンパク質をコードしている。このタンパク質は、通常、褐色脂肪細胞と呼ばれる組織で発現している。ブタはUCP1の機能的な遺伝子コピーを持たず、実際には褐色脂肪細胞すら持っていない。

しかし、最近では、ブタは世界の熱帯や亜熱帯の気候の下で暢気に暮らしているわけではない。彼らはもう少し涼しい地域に住んでいて、おそらく少し寒く感じているくらいだろう。特に寒さが厳しい場所で飼育された場合、寒さに対するストレスのために、新しく生まれる仔ブタの死亡率が20%に及ぶことがある。養豚家はブタを温めるために多くのお金を費やす必要があり、一部の地域ではこの経費が、ブタを育てるためにかかる総経費の35%を占めることがある。

ゲノム編集は、きわめて精巧にゲノムを変化させることができるが、遺伝子を丸ごと細胞に入れるためにも利用できる。ゲノム編集は、このような大きな変化をもたらす場合においても、従来の遺伝子組換えの方法より優れている。遺伝子を導入する正確なゲノムの場所を制御できるし、導入する遺伝子だけを持ち、その他余計な配列を何も持たない動物をつくることもできる。これらの利点のため、北京の研究者たちはゲノム編集を使って*UCP1*遺伝子をブタに入れ戻した。これは、誰もができるありふれた実験ではなかった。彼らは研究室で2500個以上の胚をつくり、それをメスのブタに移植した。最終的に、機能的な*UCP1*遺伝子を持つ12匹の仔ブタが無事に生まれた。繰り返しになるが、ゲノム編集された胚をつくるのは基本的に簡単なことだった。しかし生きた動物をつくるのはまだかなり難しく、1996年にドリーがつくられたときと同じくらい成功率は低かった。

科学者たちは、ゲノム編集したブタの成熟を待って繁殖させたところ、予想通りそのブタは導入した*UCP1*遺伝子を仔ブタに受け渡した。編集されたブタは、何もしていないブタに比べて、寒いところで体温を維持することができただけでなく、体脂肪も約5%減少し、全体として正の相乗効果がもたらされた【4】。

畜産農家と消費者が大量の赤身肉を望んでいる動物はブタだけではない。しかし、ブタ以外のほとんどの家畜は機能的な*UCP1*遺伝子をすでに持っており、同じ方法を使って赤身肉を増やすことはできない。多くの家畜のために開発されている別の方法は、筋肉の発達を抑える働きをする遺伝子を操作することである。

哺乳動物では一般的に、抑制と均衡のシステムによって、骨格筋の大きさが調節されている。あるシグナルが筋肉の成長を促進し、もうひとつのシグナルがそれを阻害する。もし筋肉の成長を促進するシグナルを優位にさせることができたら、筋肉質で脂肪の少ない動物が得られるはずである。まさに、これを実現するためのゲノム編集が現在開発されている。この方法では、筋肉の発達を促進するシグナルを直接増やすのではなく、筋肉の成長を抑制するシグナルを減らすことによって、天秤を一方に傾けている。

この過程で鍵となるのはミオスタチン遺伝子と呼ばれており、ミオスタチンタンパク質は筋肉の成長を抑制する。遺伝子組換え動物を使った実験によって、このタンパク質の活性が減ると、異常に発達した筋肉を持つ動物が生まれることが何年も前に示されていた。その動物は非常に筋肉量が多く、脂肪がほとんどないため、かなり奇妙に見える。1960年代後半にミスターユニバースに出場していた、アーノルド・シュワルツェネッガーを思い浮かべてみたらよい。

繰り返しになるが、ミオスタチン遺伝子に特別な変化を持ち、その他の変化を持たないような個体をつくり出すうえで、ゲノム編集は従来の遺伝子組換えに比べてはるかに優れている。この技術はすでにブタ、ヤギ、ヒツジ、ウサギに応用され【5】、特にヒツジとウサギでうまくいっているように見える。重要なこととして、筋肉の成長速度の増大は出生後に起きる【6】【7】。出生前に成長しすぎると出産が困難になる可能性があるため、これは重要なことである。

ある研究グループが、この技術はヒツジのメリノ種に応用する価値があるかもしれないと考えた。メリノウールは長く繊細で、アウトドアの愛好家はこの繊維でできた靴下やインナーにとんでもない額のお金を支払う。しかし、このヒツジは筋肉をつけるのが遅く、その量も少ないため、市場価値という観点から、あまり食肉用に利用されていなかった。素晴らしいウールを生産しつつ、最終的に食肉処理されるときにある程度の量の肉をもたらすように、ゲノム編集を使ってこのヒツジのミオスタチン遺伝子を改変するのは、まったくもって実現可能なアイディアである。

別の研究グループは、普通のヒツジを、食肉と羊毛という両方の利益をもたらすヒツジに変えるために組み合わせの方法を用いた。彼らはミオスタチン遺伝子と、毛の成長を抑制する遺伝子の両方を改変した。これらの両方の遺伝子改変を持つ10頭の仔ヒツジが生まれ、予想通り遺伝子発現が変化していた。いまのところ、生まれたヒツジについての論文は発表されていないが、そのヒツジが順調に成熟すれば、筋肉質で、セサミストリートのビッグバードのようにフサフサした毛を持つヒツジを目にできるかもしれない【8】。

◆食べられない肉

ゲノム編集を使って、早く体重が増える、より脂肪分の少ない、病気への抵抗力を持つといった、望ましい形質を持つ家畜をつくり出せるようになってきたことはすでにはっきりしている。だが、それがいつ市場に出回り、消費者が口にできるようになるかはまったく不透明である。

遺伝子組換え生物全般に対するとても暗い歴史と、編集した植物に対する最近の規制を考えると、欧州での見通しは暗い。アメリカでの状況は複雑で混沌としており、その一部の要因は2つの強力な機関の縄張り争いに他ならない。アメリカ農務省は、植物に適用した同じ論理を動物にも適用したいと考えている。ゲノム編集で導入した変化と同じ変化が、従来の繁殖方法を通じて生じうるものであれば、規制の必要はない、という考え方である。しかし、いまのところ、アメリカ食品医薬品局（FDA）は異なった見方をしている。彼らは、ゲノム編集された動物から得られた肉や他の産物が人間の食物連鎖に入る前に、事前の許可が必要と考えている。

ここで、実際にゲノム編集が行われた実験動物自体は、決して人間の食物連鎖に入ることはない、ということを思い出すのはとても重要である。ゲノム編集を施してつくったその動物は、以後の世代（系統）の創始的な個体になり得る貴重な存在であり、その個体を食用とすることはまずあり得ないからだ。その必然として、FDAは、ゲノム編集を施された動物そのものではなく、その動物から自然な繁殖を通じて受け継がれた遺伝子変化を持つ動物を管理したい、ということを意味する【9】。

これは、ミオスタチン遺伝子を編集することでつくられた筋肉質のヒツジやウシを考えたとき、とても深刻な規制の矛盾に行き着く。現在の規制では、これらの家畜系統の最初の動物がゲノム編集によってつくられた場合、畜産農家はその系統に由来する家畜の肉を売れないことになる。

しかし、ミオスタチン遺伝子の変化によって非常に肉付きのよくなったウシやヒツジが、すでに大量に人間の食品として流通しているという事実がある。ベルジャン・ブルーとピエモンテと呼ばれるウシは、ミオスタチン遺伝子の突然変異によって自然に生じた種である。ヒツジのテセル種も同じである。通常、これらの自然に生じた変異と同じ変異がゲノム編集によって導入される。

いまここに、見た目や形が同じ2つのラムチョップがある。いずれもミオスタチン遺伝子に変異を持つヒツジ由来の肉で、その変異のために、もとのヒツジはがっちりとした体つきをしていた。もしあなたがＤＮＡ配列を調べることができれば、それらの肉のミオスタチン遺伝子を調べることができるだろう。しかし、どちらのラムチョップが自然のテセル種のヒツジ由来のものであり、どちらがゲノム編集されたヒツジ由来のものか区別することはできないだろう。それらのＤＮＡ配列はまったく同じになるからだ。しかし、ＦＤＡは、ＤＮＡ配列ではなく、ＤＮＡ配列の背景にある意図のために、一方を規制せず、もう一方を規制したいと考えている。科学者にとって、これはある種の異様な呪術思考ともいうべき考え方である。

この状況は、動物の繁殖を数世代遡る完全なトレーサビリティを望んでいるゲノム編集への反対論者にとって、皮肉なジレンマをも生み出した。もしゲノム編集が自然に起きた変異と区別できない変化をもたらすとしたら、流通する食物を監視して、その変異がどのようにつくり出されたかを知ることはできない。その祖先がベルジャン・ブルーのように自然に生じた品種か、あるいはゲノム編集されたウシかにかかわらず、ＤＮＡ配列は同じになるからだ。それゆえ、ゲノム編集の反対論者はある解決方法を提案した。彼らの提案は、家畜にゲノム編集を行う際、その後の検査で検出できるような付加的なＤＮＡを一緒に導入させるというものである。この付加的な配列は、荷札の役目を果たして、家畜の子孫に受け渡されるだろう。そもそもこの業界の人たちは、外来ＤＮＡに反対する人たちの懸念を緩和するためにそれを最小限にしようと努力してきた。にもかかわらずこの提案では、ゲノム編集の反対論者自身がゲノムに外来ＤＮＡを加えることを望んでいる、ということを意味しているのだ。

◆動物の治癒能力

人間はこれまで何千年にもわたって動物を利用してきた。受け取り方によってその見方は変わるかもしれないが、人間と動物との関わりについて異を唱える人はほとんどいない。最も一般的な目的として、私たちは彼らを食料源として、特に肉やミルク、血液を入手するために利用してきたが、もちろん他にもさまざまな形で動物たちと交流してきた。彼らは私たちの仲間であり、番人であり、狩りの協力者であり、私たちを楽しませてくれる存在でもある。

私たちは数千年間、彼らを医薬品の原料としても利用してきた。約4000年前の古代エジプトの書物には、動物に由来する産物を医療に利用したことが詳しく記述されている【10】。今日、私たちはヘビから毒を抽出し、少量の毒を他の家畜に注射することで、死に至る可能性のある毒ヘビにかまれた際の治療に使う抗体をつくっている。また中国では伝統的な薬の需要に応じるため、センザンコウと呼ばれる動物種が絶滅の危機に瀕している。しかし、ゲノム編集の出現によって、私たちは動物をかつてないほど洗練された方法で利用し、人の疾患のための治療薬をつくることができる。

私たちのほとんどがなじみのある薬は、低分子医薬品と呼ばれている。アスピリン、パラセタモール、花粉症治療薬の抗ヒスタミン薬、コレステロールを下げるスタチン、強壮剤のバイアグラのような薬である。こうした種類の薬は、化学反応を利用してとても簡単に合成できる。

しかし、近年増え続けている薬はバイオ医薬品と呼ばれている。これらは生体の中で見出される巨大分子である。ヘビにかまれた際の処置に用いられる抗体はその一例であり、1型糖尿病の人たちにとってきわめて重要なインスリンもそうである。リウマチやある種の乳がんにとって最善の治療法は、バイオ医薬品を使ったものである。最近の市場調査によると、2024年までにバイオ医薬品の世界市場は、年間4000億ドルに達すると予想されている【1】。

このような薬は一般にかなり高価であり、その一部の理由は、薬をつくるのために莫大な資金がかかるからである。それらは分子としてあまりにも大きく複雑であるため、アスピリンのように化学合成によってつくることができない。合成に必要な一連の複雑な反応は生体内でしか起こらないため、生きた細胞を使ってそれらの薬をつくる必要がある。

あなたが薬として望む分子が、通常ヒトの体の中でつくられているとしよう。そのような状況では、当然のこととして、ヒトからその分子を取り出すことになるだろう。最もよく知られた例は輸血である。しかし、私たちはかなり早く血液をつくれるので、ドナーは健康を害することなく、他の人のために血液を提供することができる。しかし、人が必要とする多くの分子は、特別な臓器でわずかな量しかつくられない。こうした状況では、薬として十分な量を得る唯一の方法は、亡くなった人の組織からその分子を抽出することになる。

成長ホルモンと呼ばれる、成長に必須な分子を自身でつくれないために、身長が伸びない子どもたちがいる。かつて、このような子どもたちを治療するための成長ホルモンを入手する唯一の手段は、亡くなった人から抽出することだった。具体的には、脳の中の小さな構造である下垂体と呼ばれる部位から抽出され、それを子どもたちに注射した。当時、誰ひとり認識していなかったこととして、亡くなったドナーが珍しい認知症を発症していたことがあった。クロイツフェルトヤコブ病と呼ばれるこの認知症は、脳細胞の中でつくられる異常なタンパク質が原因で引き起こされる。この認知症を患った人の脳から成長ホルモンが抽出された際、その危険な異常タンパク質が誤って混入していたのだが、当時は誰もそのことに気づかなかった。不幸にも、ホルモンを必要としていた患者にこの抽出物が注射されたとき、一緒に注入された異常なタンパク質が脳細胞の変性を引き起こし、患者は認知症を発症し、最終的に死に至った。同じ経緯による感染によって、イギリスで約200人弱の人が亡くなったと推定されている【12】。

このため1980年代中頃から、すべてのヒト成長ホルモンは遺伝子組換えした細菌からつくられている。この方法は亡くなった人の体から同じ分子を抽出するよりも、より安全で安く、生産の規模を簡単に調節できる。

動物がつくり出すタンパク質が、偶然にヒトのタンパク質とよく似ていることがあり、その場合、私たちはそれを薬として使うことができる。約60年間、1型糖尿病患者はブタの膵臓から抽出したインスリンを処方されていた。インスリンはブタの膵臓でつくられるすべてのタンパク質の中で比較的少ない成分であるため、少量の薬をつくるためにも経費のかかる一連の精製を行わなければならず、とても理想的な方法とはいえなかった。またブタのインスリンは、ヒトのものとまったく同じではないため、一部の患者には使用できなかった。さらに、需要が増加したとき、すぐに供給量を増やすのも難しかった。1980年代に製薬会社のイーライリリー社が、遺伝子組換えした細菌を使ってヒトのインスリンをつくり販売した。現在、事実上すべてのインスリンが細菌、あるいは酵母を使ってつくられている。

大部分のバイオ医薬品が、細菌、酵母、あるいはヒトや他の動物の培養細胞を使ってつくられている。これらのシステムにはそれぞれ利点と欠点がある。細菌はヒトの細胞に比べて単純であり、大量のタンパク質をつくらせるには適しているが、効果的な治療に必要とされる、ヒトのタンパク質と同じ特徴や性質を持つ複雑なタンパク質は、必ずしも細菌を使ってつくれるとは限らない。また哺乳動物の細胞を利用する際、細胞に目的とするタンパク質を高濃度でつくらせるのが難しいことがあり、その場合生産コストがかなり上乗せされる。その結果、製薬会社は別の方法を探すことが求められ、これこそがゲノム編集が期待されている分野である。

こうした目的のために、従来の遺伝子組換え技術を使ったいくつかの前例がある。研究者たちは、ウサギにある遺伝子を導入して、遺伝性血管浮腫と呼ばれる遺伝病を患った人たちが必要とする、複雑なバイオ医薬品をつくろうとした。この疾患の患者では、微小血管が漏出するようになり、組織に体液がたまってしまう。これは耐えがたいほどの痛みを引き起こすだけでなく、気道の周囲で起こった場合、命に関わる危険性がある【13】。遺伝子組換えをしたウサギからつくられた薬を投与することで、このようなひどい症状は抑えられる【14】。

いま、あなたが科学者で、優れたバイオ医薬品をつくりたいと思っているとしよう。あなたは、おそらくある鍵となる特徴を備えたシステムを利用したいと考えるだろう。明らかな特徴として、次のようなものが挙げられる。

1．必要な遺伝的変化を持ち、ゲノムの他の領域に変化を持たない動物をつくるのが容易

2. 利用しやすい産生システム
3. 大量産生に適したシステム
4. バイオ医薬品を入手する際、毎回その個体を殺すのではなく、長い間同じ個体を利用できる産生システム

1つめの要件を満たすもの、そう、ゲノム編集の出番だ。そして2番目から4番目の要件を満たすものは、卵である。

ニワトリの卵を使ってバイオ医薬品をつくるためのゲノム編集が加速しているのは、まったく理にかなっている。特に、ゲノム編集がつい最近の2012年に技術的に可能になったことを考えれば、その後の進歩は目を見張るものがある。

最も進んだある計画では、インターフェロンβと呼ばれるバイオ医薬品をつくり出すために、ゲノム編集と、高いタンパク質を高濃度に含む卵本来の特徴を組み合わせた。この薬は再発性の多発性硬化症の治療に使われ、普通では非常に高い生産コストがかかる。筑波にある産業技術総合研究所と農業・食品産業技術総合研究機構が共同して、ゲノム編集を使ってインターフェロンβを豊富に含む卵を産むニワトリをつくった（**図4・1**）【15】。研究者たちは、この方法で生産コストを90％も下げることができたと言っている。

薬の生産コストを抑えることは、生産者と患者両方にとってきわめて重要である。製薬企業が直面

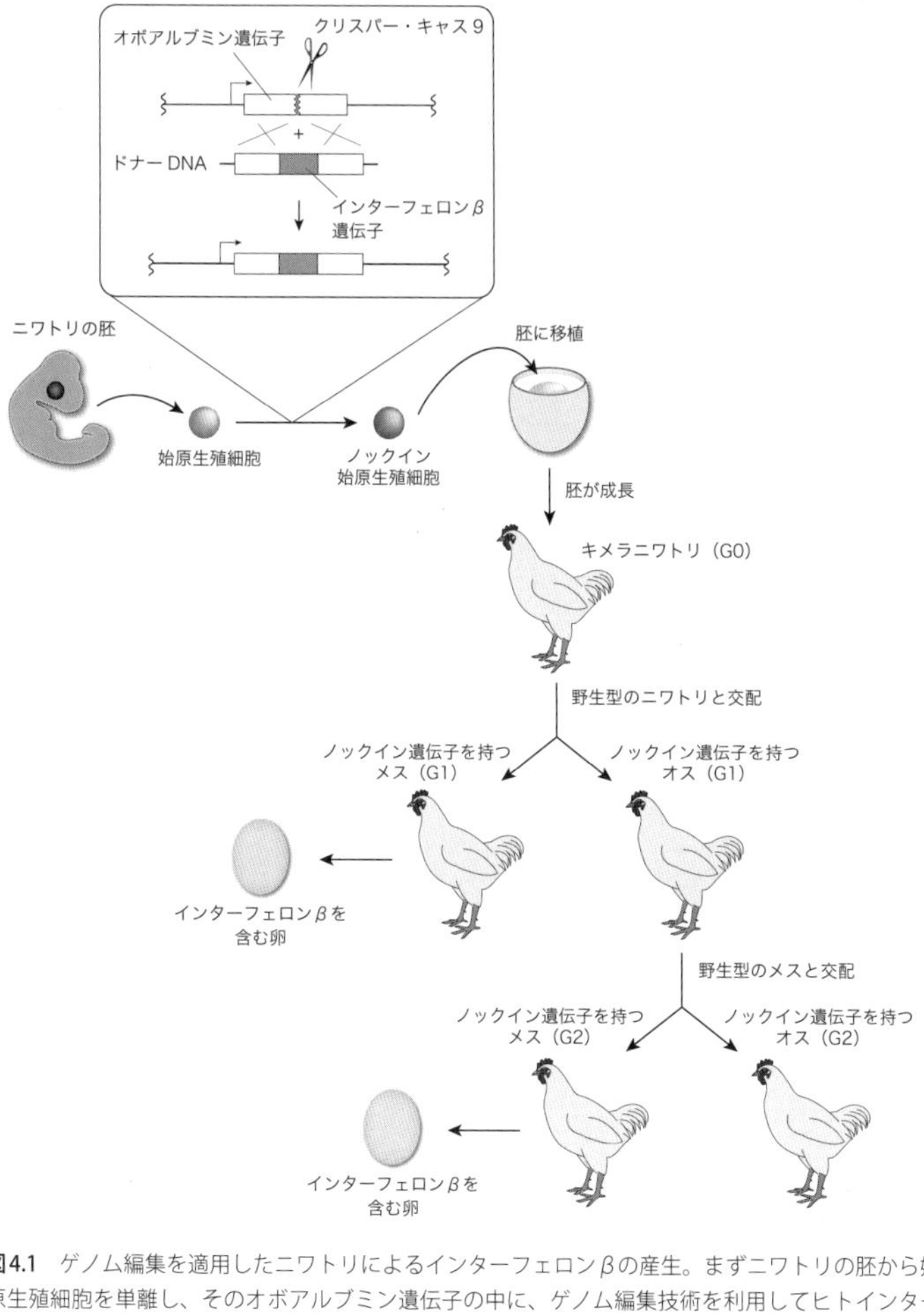

図4.1　ゲノム編集を適用したニワトリによるインターフェロンβの産生。まずニワトリの胚から始原生殖細胞を単離し、そのオボアルブミン遺伝子の中に、ゲノム編集技術を利用してヒトインターフェロンβの遺伝子を導入した（ノックイン始原生殖細胞）。この細胞を発生中のニワトリの胚に移植し、キメラのニワトリ（第0世代：G0）を作製した。このニワトリを野生型のニワトリと交配して生まれた、ノックイン遺伝子を持つメスのニワトリ（第1世代：G1）は、インターフェロンβを含む卵を産む。この卵からニワトリが正常に発生することはないが、ノックイン遺伝子を持つオスのニワトリ（G1）と野生型のメスのニワトリを掛け合わせて生まれたノックイン遺伝子を持つメスのニワトリ（第2世代：G2）は、インターフェロンβを含む卵を産むことができる（文献15を参照）。

している最も大きな問題のひとつは、製薬企業がつくる薬が、医療を提供する側の予算規模からして高すぎることである。カヌマ（セベリパーゼ・アルファ）と呼ばれるバイオ医薬品は、旧来の遺伝子組換え技術を使い、卵を用いてつくられた。このカヌマは、イギリスで患者が19人しかいないような、きわめて珍しい疾患を治療するために開発された【16】。カヌマはEUの規制機関によって認可されており、これは、その薬が安全で治療効果があることを意味する。しかし、イギリスの国立医療技術評価機構は、患者ひとりあたり50万ポンド（約7000万円）という超高額の支出に見合うほど、長期の恩恵を患者にもたらすものではないと裁定した。せっかく新しい薬を開発しても、その薬のためにお金を出す人がいないために企業が開発コストを回収できないという問題は、製薬企業の頭痛の種である。もしゲノム編集によって大幅にコストを下げることができれば、命が助かる、あるいは生活の質が改善される新しい治療法を、患者たちが受けられるようになる機会が増えるかもしれない。しかし、生産コストは、その薬を必要とする患者が何百人、あるいは何千人もいる場合だけ実際に下げられる可能性が高い。きわめて珍しい疾患については、薬の精製、処方、流通、特に臨床試験の実施などに関わる他のすべてのコストは、まだ経済的な観点から不適切だとする裁定が下されるかもしれない。

◆サンドイッチから臓器へ

患者の臨床的な状態が深刻なため、薬や他の既存の技術を利用した処置や治療では効果が期待できず、新しい臓器に取り替えるしか他に手の施しようがないことがある。それは肝臓かもしれないし、腎臓かもしれないし、心臓や肺かもしれない。移植をしないと、その患者は間違いなく衰弱し、最終的に死に至るかもしれない。

移植の技術はすでにあり、臨床的な施術の訓練法も確立されている。医療上の利益は明白で、数値化して評価することができる。しかし、毎年多くの人が移植を受ける前に亡くなっている。アメリカでは、移植を必要とする人が11万5000人弱いて、平均して毎日20人が順番待ちリストに載ったまま亡くなっている【17】。ひとりのドナーがいれば、平均して8人の命を救えるにもかかわらず、死後に臓器提供者になる意思を示している人が十分いないため、この問題は世界中で取りざたされている。臓器提供率を上昇させるために、国民意識を高めるキャンペーンが行われている。ベルギーやオーストリアのような一部の国は、提供者が明確な拒絶の意思を示していない限り、臓器提供に対して暗黙の了解をしているとみなす、オプトアウト方式に移行した。しかし、これまで車の事故で亡くなった人がおもな臓器提供者になっていたものの、そのような交通事故死が減少しているため、依然世界中で提供可能な臓器が大幅に不足している。私たちは、臓器の異なる供給源を至急必要としている。

人間の臓器提供者に依存するのではなく、動物の臓器を利用することはできるだろうか？　この方法は「異種移植（xenotransplantation）」と呼ばれており、接頭語の「xeno」は、「外来の」という意味のギリシャ語である。これは移植の専門家にとって長年の夢だった。ブタの臓器が最も可能性の高い候補とされることが多い。なぜならば、ブタの臓器は大きさと形がヒトの臓器と似ており、たとえばブタの心臓は、生理的な特徴がヒトの心臓とよく似ている。機械的、電気的なしくみにおいても、ブタの心臓はヒトの体内でとてもうまく機能する可能性がある。

残念ながら、ブタが私たちにベーコンや豚肉だけでなく、移植用の臓器を提供してくれるようになるまでには、乗り越えねばならない多くのハードルがある。しかし、今度もゲノム編集が、そのハードルを越える手助けをしてくれるかもしれない。

ほとんどすべての哺乳動物は、ゲノムの中に潜在スパイをかくまっている。それは、大昔に猛威をふるい、病気になった宿主から別の宿主へ広まっていたウイルスである。それらのウイルスの一部は、宿主から宿主へ飛び回るふるまいをやめて、自身の遺伝物質を宿主のゲノムに挿入したのである。ウイルスはそこで休眠し、細胞分裂に際して、宿主の細胞が自分のゲノムをコピーするたびウイルスの遺伝物質もコピーされるようになった。私たちが子どもを残すとき、スパイとして潜むウイルスもセットにして遺伝物質を子どもに受け渡す。哺乳動物は、これらの侵入者をおとなしくさせておくためのさまざまな分子的な防御を進化させてきた。しかし、それらの防御機構が破綻すると、眠っていたウイルスが目を覚ましてより活動的な状態に戻り、再び襲撃者に変わる可能性がある。

ブタも例外ではない。研究者たちは、ブタのゲノムに潜む複数のウイルスを見出し、それらが実際に休眠状態にあることを示した。ウイルスは死んでいるわけでも壊れているわけでもなく、単に静かにしているだけである。何らかの刺激があれば、目を覚ます可能性がある。

異種移植の分野の人たちが特に心配していることは、これらのブタのウイルスがヒトの細胞に感染することである。いま、ある人がブタから心臓の移植を受けたとしよう。その人は、ブタの臓器に対して拒絶反応を起こすリスクをできるだけ減らすため、免疫反応を抑える薬を服用する可能性がきわめて高い。もしブタのウイルスが再活性化したら、免疫系は迅速に反応できず、そのウイルスを抑えられないかもしれない。ウイルスは支配権を握り、臓器の提供を受けた人に病気を引き起こすかもしれない。さらに悪いことに、その人は他の人にそのウイルスを伝播するかもしれない。生物種として、私たちは過去に遭遇したことがない感染症に対処するのは得意ではない。ヨーロッパ人が南アメリカ大陸に侵攻したとき、彼らはウイルスをもたらし、そのウイルスは先住民の75〜90%を死に至らしめた。

先に述べたブタの臓器移植のシナリオに従ってウイルスが再活性化したとしても、そのような高い死亡率がもたらされることはないだろうが、免疫力の弱い人が、臓器移植を受けて感染した人と接触する危険性は確かにある。たとえば、幼児、高齢者、病気の人たちが含まれる。臓器移植を受けた人が定期的に訪れる病院は、そのような免疫力の弱い病人が普通にいる場所である。

ジョージ・チャーチ（George Church）はハーバード大学医学大学院の教授である。彼はこれまでに約500報もの論文を発表しており、あごひげを蓄えたその容姿から、まるで19世紀の探検家、あるいは伝道者のごとく、熱意を持って新しいゲノム編集の技術を取り入れ研究を進めている。彼は技術が達成できる限界を押し広げることに尽力しており、ブタのゲノムに対して行った彼の研究はその典型例である。ブタのゲノムには、このような休眠中のウイルスが入り込んだ場所が62か所ある。チャーチと彼の研究チームはゲノム編集技術を使って、これらをひとつひとつすべて不活性化した。このような作業は、従来の遺伝子組換え技術では事実上不可能であり、本当にやろうとすれば、気の遠くなる作業になるだろう。その結果ブタの細胞からヒトの細胞へウイルスが伝播する頻度は、1000分の1まで減少した【18】。

2年後、チャーチは次の段階へ進む研究チームのリーダーとなった。彼らはまず、研究室において培養細胞を用いて実験を行った。２０１７年、彼らはゲノム編集と動物のクローン化技術を組み合わせ、ゲノムの中に潜むウイルスが再活性化されることがない、ゲノム編集ブタをつくることに成功した【19】。

チャーチは、２０１９年の終わりまでにブタからヒトへの移植が実現するだろう、と言ったと伝えられている【20】。少なくとも、そのような大胆な試みに対して、すみやかに倫理的承認を得ることすら難しいと思われる欧州では、彼の見立ては楽観的過ぎるかもしれない。他にも乗り越えなくてはならないハードルも数多くあり、特に異種の心臓に対する急速な拒絶反応を抑える必要がある。しかし、個別の技術的な問題に取り組んでいる異なる研究グループの発見を組み合わせれば、ゲノム編集技術を使ってさまざまな方法でブタのゲノムをハッキングし、移植を成功させるために必要とされる性質を備えたブタの群れをつくり出せるかもしれない。少なくとも、心臓、肺、腎臓での実現は期待できる。

いつの日か、私たちの最良の友は犬ではなくブタになっているかもしれない。

第5章

私たちのゲノム編集

HACKING
THE CODE
OF LIFE

ヒトは動物である。これは価値観の話ではなく、単に生物学的な事実である。私たちは数多くの動物、サケからヒツジまで、ニワトリからウシまで、ゲノム編集がうまくいくことをすでに知っている。この技術がヒトでも機能すると考えるのは、もっともなことである。次のステップは、生きた人間でこの技術を働かせることができるか見ていくことである。

ヒトに新しい技術を試すには、通常、技術と医療と倫理の専門家の規定に沿って、お決まりのルートをたどることになる。従うべき規制、取得すべき許可、確立すべき観察過程などがある。あなたはまずその技術を細胞で試し、次に他の動物で、そして、何年もかかる慎重で論理的な一連の実験と審査の後で、ようやくあなたとあなたの研究チームは、実際のヒトに対してその技術を試みることになる。

あるいは、あなた自身が「バイオハッカー」になって、すべての面倒な過程をスキップして自分の体を使って実験することもできる。そう、これは本当の話である。ゲノム編集のための材料は安価で容易に入手できるので、この技術を試すための分子的な試薬を自分の家でつくるのは、驚くほど簡単である。あなたはゲノム編集の材料を自分で自分に注射することができ、誰もそれを止めることはできない。

ジョサイア・ザイナー（Josiah Zayner）は私たちが知る限り、自分が世界初のバイオハッカーだと主張している人物である。愉快なことに彼は、ガレージからハイテクのベンチャーを立ち上げ、変わったTシャツを着て、いかにも他の人の下で働くのはごめんだ、というタイプに見える。ザイナーは、彼自身の言葉として、ゲノム編集を一般の人にも利用してもらいたいという大きな願望を持っている。彼自身の言葉として、「私は、人々が酔った勢いでタトゥーを入れる代わりに、『ああ酔っ払った、自分にクリスパー（CRISPR）をしよう』と言えるような世界に住みたい」と言っている*【1】。

＊　クリスパー（CRISPR）は最先端の型のゲノム編集を指す専門用語。

あなたは、人々が酔った勢いでタトゥーを入れたりする世界ではなく、そもそものような店への出入りが制限されているような世界に住みたいと考えるかもしれないが、意見はひとそれぞれだ。ザイナーは、自身の言葉を進んで実践しようとしていたように見える。2017年10月のカンファレンスで、彼はゲノム編集の調合液を自分で自分の腕に注射した。これは筋肉の成長を促進するようにデザインされたものだった。実際、彼はミオスタチン遺伝子を抑制するためのゲノム編集を使っていた。これと同じ方法を使って、すでに筋肉質のヤギやウサギをつくることに成功している。

いくつかの点で、ザイナーは自分の体を使った人体実験（自己実験）という長年の伝統を踏襲したといえる。ピエール・キュリー（Pierre Curie）は、ラジウムの入った小包を彼自身の腕に貼り、放射線がやけどの原因になることを実証した。バリー・マーシャル（Barry Marshall）は、ピロリ菌の感染が原因で胃潰瘍が起きるという彼の仮説を検証するため、わざとピロリ菌を飲み込んだ（彼の仮説は正しかったが、ちょっと気の毒な気がする）。

この医学的な自己実験の歴史からうかがえる顕著な特徴のひとつは、関わった人がその実験をした結果としてなんらかの危害を被ったということである。これは、自己実験を行う理由になることが多い。自己実験をした人は、おそらくその実験を他の誰かに実施する倫理的承認を受けていなかったか、あるいは自らの倫理観から、他の人の体で実験するわけにはいかなかったのだろう。

動物を用いた研究結果から、ゲノム編集が安全な技術であることが示唆されていたが、これは、ザイナーが自己実験を実施した際に、まったくリスクがなかったという意味ではない。ゲノム編集自体のリスクはそれほど高くはなく、むしろ調合液に対する免疫反応が起きる、あるいはそれらの調合液を調製したときの滅菌操作が不十分なために感染症が起きる可能性のほうが高かった。

幸いなことに、体を張ったザイナーは何の悪影響も受けなかった。しかし、筋肉質になることもなかった。そうするとこの自己実験は、ヒトを対象としたゲノム編集の効果について、私たちに何を教えてくれるのか？

その答えは単純である。この実験からいえることは何ひとつない。まず、ザイナーが自分に注射する際に使ったシリンジの中に何が入っていたのか、私たちにはわからない。それがゲノム編集の調合液ではなかったとは言わないが、その投与量は適切か、調合液はきちんと調製されていたかどうか、あるいはこの実験がうまくいくかどうかに影響を与える、他のさまざまな要因についてきちんと考慮されていたかどうかはまったくわからない。知名度を上げるには素晴らしい手段だったかもしれないが、普通の人にとって、すぐに筋肉を増やすための最善の方法は、いまのところシリンジではなくバーベルを持ち上げることだろう。

◆成功を目指して

ヒトでのゲノム編集が安全なことを確認し、身体的変化を確実に起こさせる唯一の方法は、適切な臨床試験を行うことである。臨床試験を実施するには、質の高い多数の試料調製、管理と監視、標準化、長期にわたる追跡、統計的に有意なデータ、結果への信頼をもたらすのに十分な数の被験者が必要になるだろう。これには膨大な経費がかかり、少なく見積もっても数千万ドル（数十億円）はかかるに違いない。ヒトの健康や福祉を向上させるという目的であれば、下水設備の整備、ワクチン、蚊帳、栄養補助食品など、よりリスクが少ない直接的な手段があるため、慈善的な資金提供団体がゲノム編集の臨床試験のために資金を提供する可能性は低い。そうすると、可能性のあるのは民間企業である。だが、民間企業は、最終的に利潤を生み出すと判断する場合のみ、その活動に投資するだろう。投資を促す最も魅力的な方法は、ゲノム編集を使って、深刻な疾患を治療する新しい方法を生み出すことである。

もしあなたが、数千万ドル、あるいは数億ドルの資金を投資して、ゲノム編集の取り組みを認可された製品にしようとしたら、かなり成功の可能性の高い疾患を選ぶのは当然のことだろう。鍵となる要因はたくさんある。たとえば、その疾患だと診断された患者が複数いたとき、本当に全員が同じ疾患だと100％の自信を持って言えるだろうか？　この要件によって、多くの異なる症状が見られ、診断の難しい統合失調症のような疾患は除外される。あなたは、その疾患が引き起こされる原因を正確に知っているだろうか？　この要件によって、発症の最も重要な要因がはっきりしていない2型糖尿病は除外される。その疾患がもたらされるのにどのような遺伝的変化が必要か知っているだろうか？　この要件によって、複数の遺伝的変化と環境的な要因が相互作用して症状を引き起こすと考えられている多発性硬化症は除外される。あなたが計画しているまさにその編集によって、病状の進行が抑えられる、あるいは回復すると確実に言えるだろうか？　この要件によって、アルツハイマーは除外される。アルツハイマーの発症にとって重要だと考えられていた経路を標的とした薬の臨床試験は、最近見事に失敗に終わり【2】、その結果、関わった企業は、おそらく何十億ドルも損失を出したと考えられるからだ。ゲノム編集の試薬を、最も必要とされる体の組織に十分量届けることができるだろうか？　脳は試薬を届けるのが非常に難しい組織であり、この要件によって、おそらくパーキンソン病は除外されるだろう。編集された細胞は長期にわたって体内で生き続け、編集されたDNAは娘細胞に受け継がれるだろうか？　これは、必要とする治療の回数を制限したい場合に重要である。また高齢者の筋萎縮症では、筋肉はすべての再生能を使いつくしてしまっていて、編集をした細胞の増殖が期待できないため、このような疾患を標的としたゲノム編集の取り組みは難しくなるかもしれない。

実際のところ、患者が徐々に衰弱していくよく知られた疾患の多くは、これらの要件をクリアするのが非常に難しいため、すぐにゲノム編集治療の良い候補になる可能性は低い。問題の複雑性を考えたとき、このような要件を満たす疾患が実際にあるのかと疑問に思うかもしれない。たとえ要件をクリアしたとしても、経済的に見合うだけ十分な患者はいるのだろうか？

驚くべきことに、その答えはイエスである。ゲノム編集技術が、細菌とウイルスの軍拡競争から開発された話と似ているかもしれないが、この技術によって最初に取り組まれた疾患は、ヒトと寄生虫

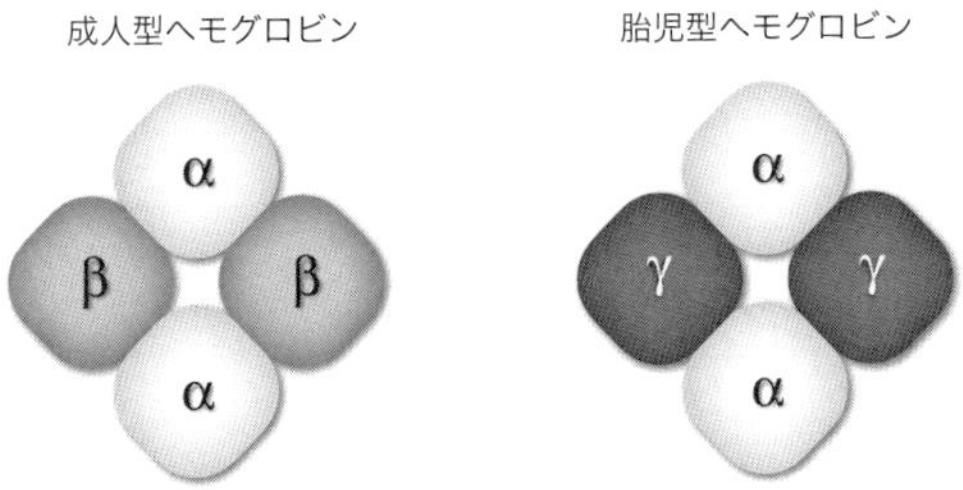

図5.1　ヒトのヘモグロビンの模式図。ヘモグロビンは2種類の異なるタンパク質が2個ずつ、計4個のタンパク質の鎖が会合してつくられている。成人では、一方がアルファ（α）鎖、もう一方がベータ（β）鎖からなる（左）。一方、胎児ではベータ鎖の代わりにガンマ（γ）鎖が含まれている（右）。

のせめぎ合いの結果もたらされた疾患だった。

◆優れた血液

赤血球はほとんどすべての脊椎動物の生存に不可欠である。赤血球の主たる機能は、必要とされる組織に酸素を運搬し、組織から二酸化炭素を危険なレベルに達する前に運び出すことである。酸素と二酸化炭素は赤血球の中で、ヘモグロビンと呼ばれ、赤血球の色の元になっている色素と結合する。この色素は、2種類の異なるタンパク質が2個ずつ、計4つのタンパク質の鎖が会合してつくられている。成人では、一方はα鎖と呼ばれ、もう一方はβ鎖と呼ばれている。赤血球にはこのヘモグロビンが詰め込まれている（**図5・1**）。

鎌状赤血球症と呼ばれる遺伝性疾患では、両親がヘモグロビンのβ鎖をコードする遺伝子に変異を持っている。その変異は母親と父親の両方から受け継がれるため、患者はこのタンパク質について正常な遺伝子を持たない。鎌状赤血球症の患者では、ヘモグロビンタンパク質が不正確に折りたたまれ、赤血球がいびつな形になる。この異常な形のため、赤血球は毛細血管の中を循環しにくくなり、血管に詰まって激しい痛みをもたらす。異常な赤血球では体内に酸素を運ぶ効率も落ちているため、患者は息苦しさを感じる。

サラセミアと呼ばれる別の種類の疾患がある。この疾患の患者では、ヘモグロビンのα鎖、あるいはβ鎖の量が通常より減少している。このため赤血球は脆くなり、長期間生存できない。患者は赤血球の欠乏により貧血を発症し、息切れを起こして疲弊する。鎌状赤血球症と同じように、サラセミアの患者も両親から変異を持つ遺伝子を受け継ぐ。

どちらの疾患も意外に患者数は多い。驚くべきことに、世界の約1・1%のカップルが、ヘモグロビンの異常をもつ子どもをもつ可能性がある【3】。一方、変異型のヘモグロビン遺伝子をひとつ持っている（このような人はキャリアと呼ばれる）人が、通常の遺伝的な分布から予想されるよりも、はるかに多く存在することがある。ただし、これは世界の一部の地域で見られる局所的な現象であり、他の地域では見られない。1950年代初頭、ケニアの研究グループが、マラリアが流行した地域では、マラリアのリスクがほとんどない地域に比べて、変異型のヘモグロビン遺伝子が高い頻度で見出されることに気がついた。彼らは、ヘモグロビンの変異を持つキャリアの赤血球のほうが、正常なヘモグロビンの赤血球に比べて、マラリアの感染に対して抵抗性を示すことを明らかにした【4】。最初に鎌状赤血球症の変異で示されたこの関連性は、サラセミアの変異にも当てはまり、マラリアがよく見られる地域においてキャリアの頻度が高いことが後に示された。

もしヘモグロビン遺伝子の両方のコピーに変異が入っていたら明らかに不利であり、鎌状赤血球症、あるいはサラセミアの重篤な症状を望む人は誰もいない。しかし、それよりも変異を1コピー持つ利点のほうが、この地域では遺伝学的に勝っていたのである。この利点は、その地域におけるキャリアの高い水準を維持し、それによってその地域の人々はマラリアを引き起こす寄生虫との戦いに勝利してきた。

これらのヘモグロビン疾患には、ゲノム編集治療の最初の標的とするにふさわしい数々の特徴がある。これらの疾患は100%の確信を持って診断することが可能であり、ひとりの患者に対して正確にどの遺伝的変化を標的としたらよいか簡単に決めることができる。疾患を発症した患者では、その遺伝子の両方のコピーに変異が入っている。キャリアの人では、1コピーが正常で1コピーに変異が入っており、キャリアの人は健康である。それゆえ、発症した患者において、変異を持つコピーのひとつを正常なものに変換できれば、彼らはキャリアと同程度の健康状態にまで回復するはずである。健康な赤血球は体内で約120日しか生存できないが、それでも移植を数回行うだけで、ゲノム編集による治療ができるに違いない。これは、私たちが骨髄から幹細胞を抽出できるからであり、取り出した幹細胞のDNAを編集し、その後で、編集した幹細胞を骨髄に入れ戻すのである。いったん幹細胞が骨髄の中に生着して機能を回復したら、何十年にもわたって健康な赤血球をつくり続けるはずである。

また、この治療を経済的に価値あるものにするだけの多くの患者がいる。ヘモグロビンの疾患はマラリアが流行する地域、たいていは貧しい地域で広まったが、世界規模の人の移動によって、この疾患が医療基盤の整った国々でもかなり頻繁に見られるようになった。約10万人のアメリカ人が重度の鎌状赤血球症を発症し【5】、EUでの患者の数は12万7000人くらいである【6】。重要なこととして、これらの疾患に対する本当に有効な治療法はないのが現状である。

実際に試された最初の取り組みは、一部の患者に見られた珍しい現象をきっかけにした興味深いものだった。臨床医たちは、鎌状赤血球症、あるいはサラセミアによって本来重篤な症状を示すはずが、まったく健康に見える人々がいることを古くから知っていた。遺伝的な解析では、その人たちが両親から変異を受け継いでいることを示しているにもかかわらず、なぜか彼らは健康だったのである。

詳細な遺伝学的研究によって、これらの特異な人たちは、さらに別の変異を持っているために、本来疾患を引き起こす変異の影響から保護されていることがわかった。「変異」という単語は否定的な意味合いを含むことが多いので、これは奇妙に思えるかもしれないが、実際には単にDNAの変化のことを指す言葉である。* ある変異がその人に何の影響も及ぼさないこともあれば、ネガティブな影響を及ぼすことも、逆にポジティブな結果をもたらすこともある。

＊（訳注）本文中の「変異」は「mutation」の訳である。以前は mutation を「突然変異」と訳していたが、英語の mutation には「突然」の意味は含まれないため、２００９年に日本人類遺伝学会によって、mutation の訳は「変異（突然変異）」と改訂された。日本遺伝学会もこの改訂に準じている。また以前は「variation」を「変異」と訳すこともあったが、混同を避けるため、variation には「多様性」という訳語をあてることになった。

成人は、当然ながら成人型のヘモグロビンをつくり出している。しかし、胎児が子宮の中で発生しているとき、胎児は胎児型ヘモグロビンと呼ばれる別の種類のヘモグロビンを発現している（**図5・1**）。これは、子宮内の環境と外の世界では酸素濃度が異なるためである。胎児と成人は異なる種類のヘモグロビンをつくり出し、それぞれの環境に最適な状態になるようにしている。胎児型ヘモグロビン（γ鎖）と成人型ヘモグロビン（β鎖）は異なる遺伝子にコードされている。

私たちが生まれると、胎児型ヘモグロビン遺伝子の発現は減少していき、成人型ヘモグロビン遺伝子の発現が高くなる。数か月後、赤血球の中のすべてのヘモグロビンが成人型の遺伝子からつくられるようになる。しかし、まれに胎児型のヘモグロビン遺伝子のオン、オフを調節する領域に変異が入っていて、遺伝子のスイッチがオフにならない場合がある。この変異を持つ成人は胎児型のヘモグロビンをつくり続けるが、幸いなことに、この場合何の悪影響も見られない（**図5・2**）。

サラセミア、あるいは鎌状赤血球症の症状を持つはずなのに、その症状が見られない患者は、全員、疾患を引き起こす成人型ヘモグロビン遺伝子の変異に加えて、胎児型のヘモグロビン遺伝子の調節領域の変異を受け継いでいた。胎児型のタンパク質を継続的に産生することによって、彼らは疾患の最悪の影響から守られていたのである。

ゲノム編集の企業であるクリスパー・セラピューティクス社は、この臨床的な知見をうまく利用した。彼らの方法では、まずヘモグロビンの疾患を持つ患者から骨髄細胞を採取し、研究室の中でそのDNAを編集し、自然界で見出される保護的な変異（胎児型ヘモグロビン遺伝子の調節領域の変異）を持つ幹細胞をつくる。次に彼らは、編集を施した幹細胞を患者の骨髄の中に入れ戻す。その幹細胞は胎児型のヘモグロビンを発現する赤血球をつくり出し、疾患の影響から患者を守ることになると期待される（**図5・2**）。

あなたは、なぜその企業が、疾患の原因となっている成人型ヘモグロビン遺伝子の中の変異を直接

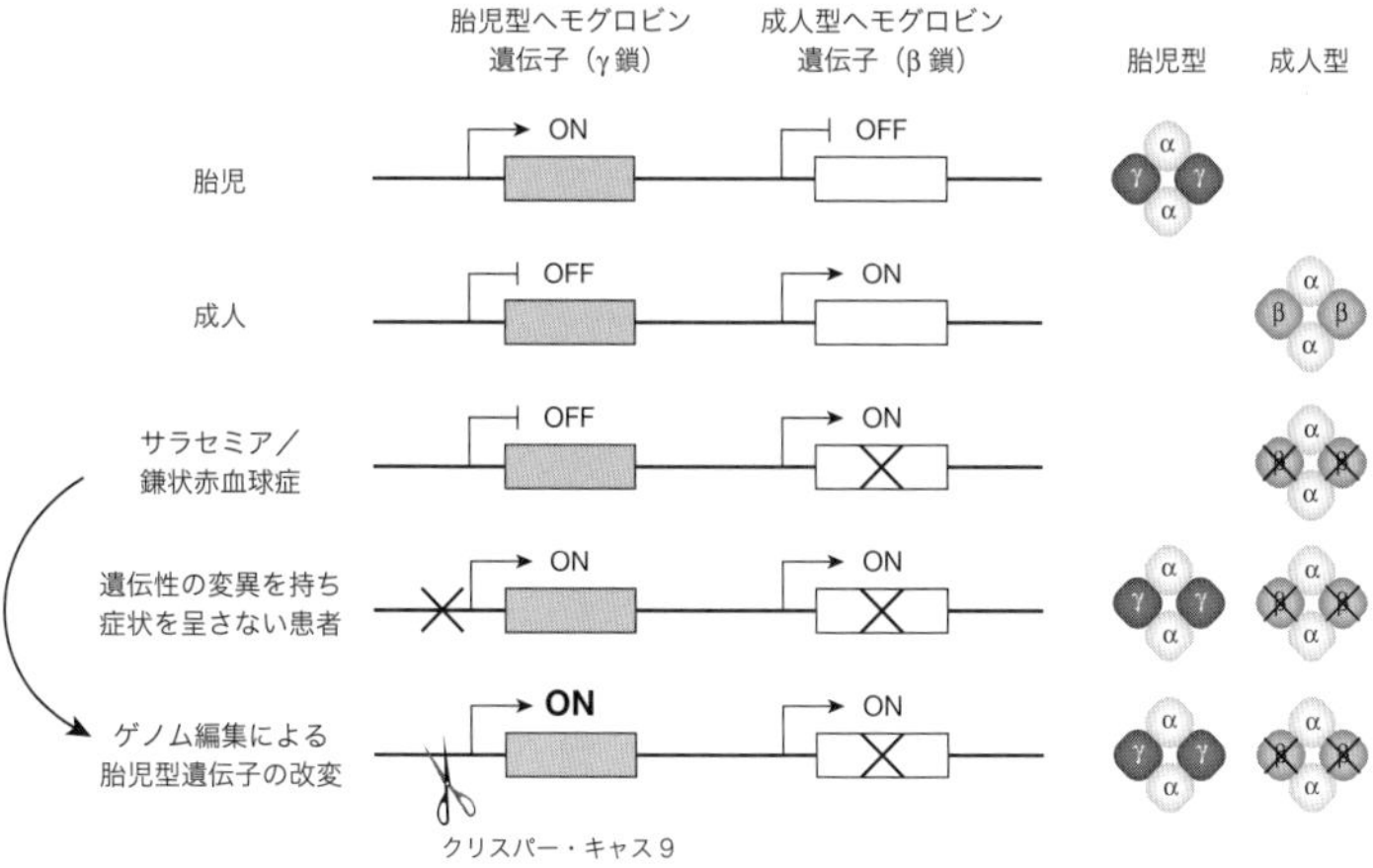

図5.2　ゲノム編集によるヘモグロビン遺伝子の改変。胎児型のガンマ（γ）鎖の遺伝子と成人型のベータ（β）鎖の遺伝子は近接して存在し、発生の段階に応じてそれぞれの発現が制御されている。胎児ではγ鎖の発現がオン、β鎖の発現がオフになり、ααγγのヘモグロビンがつくられる。一方成人ではγ鎖の発現がオフ、β鎖の発現がオンになり、ααββのヘモグロビンがつくられる。βサラセミア、鎌状赤血球症の患者では、β鎖の遺伝子に異常があり、機能的なヘモグロビンを形成できない。ある遺伝性の変異を持つ患者では、胎児型γ鎖遺伝子の調節領域に変異があり、本来オフとなっているはずの胎児型γ鎖の発現がオフにならず、β鎖の異常による症状が緩和されている。クリスパー・セラピューティクス社は、ゲノム編集技術を使って意図的に胎児型γ鎖遺伝子の調節領域を改変して、βサラセミア、鎌状赤血球症の患者の治療を計画している。

修正するのではなく、この方法を選択したのか不思議に思うかもしれない。その理由は、疾患の原因となる変異がどんな変異であろうとも、彼らが選択した方法はどの患者にも有効だからである。つまりこの方法では、個々の患者に応じて試薬や方法をデザインする必要がなく、いわば標準的なゲノム編集の方法をつくり出せる、ということを意味している。これによってコストが抑えられ、臨床試験の結果も標準化され解釈が容易になる。

ヒト細胞や動物モデルを使った実験室レベルの予備実験では期待を持てそうな結果が得られたので、クリスパー・セラピューティクス社（とパートナー企業のバーテックス・ファーマシューティカルズ）は2017年12月、規制当局にこの疾患の成人患者に対する臨床試験の承認を求める申請をした。欧州の臨床試験データベースを見ると、そのような臨床試験を実施する申請が提出され【7】、現在は承認されている。

アメリカでも同じような申請が提出され、手続きが進んでいるように見えていた。しかし、2018年3月末の段階で、申請を出したその企業は、アメリカ食品医薬品局（FDA）によって彼らの申請は保留され、より多くの情報が要求されていると発表した【8】。残念なことに、FDA側が何を懸念しているかについての公的な発表はなく、FDAがなぜ申請を保留しているのかわからない。このこと自体それほど驚くことではないが、これはゲノム編集技術をヒトに応用する最初の大規模臨床試験になるため、対処すべき未知の要因が無数にあるのは間違いない。

◆ゲノム編集がヒトの中へ

最近、最新のゲノム編集技術に比べてより費用がかかる、使い勝手のよくない初期のバージョンのゲノム編集技術が、とても小規模な臨床応用に用いられた。ハンター症候群と呼ばれる疾患があり、その患者はある重要なタンパク質をつくれない。このため、患者の細胞はある種の糖質を分解することができず、この糖質が細胞内に蓄積することで、難聴、呼吸困難、腸の機能不全、感染症への高いリスク、知的障害を含むさまざまな症状が引き起こされる。欠失しているタンパク質を患者に投与することは可能だが、この治療には非常に費用がかかり、ひとりあたり年間で10万~40万ドル（約1000万~4000万円）もかかる。2017年11月、UCSFの研究チームは、初期バージョンのゲノム編集装置を、ウイルスを模した運搬分子に乗せて44歳のハンター症候群の患者に注入した。彼らの狙いは、ウイルスが肝臓にたどり着き、肝臓の細胞の中でゲノム編集装置を遊離させることだった。この装置は、失われたタンパク質の遺伝子を挿入するようにデザインされていた。もしすべてがうまくいけば、肝臓の細胞はそのタンパク質をつくり始め、血流の中にそのタンパク質を放出するようになる。この処置によって、すでに現れてしまった症状の回復は期待できないが、それ以上の症状の進行が抑えられればよいと考えていた。

このヒトでの実験は大いに話題を呼び、「科学者たちは史上初のゲノム編集治療で良好な結果を得ている」という、勇み足とも思える見出しが紙面を飾った【9】。しかし、実際に起きたことは、大きなマイナスの影響が見られなかっただけである。患者のブライアン・マデュー（Brian Madeux）は、ゲノム編集に対する深刻な副作用で苦しむことはなく、研究者たちはこの結果をふまえて、自信を持って臨床試験を継続するとともに、同じ症状を持つ2人目の患者にその治療を施した。

ハンター症候群の患者は、たいてい10歳から20歳で亡くなるため、44歳のマデューはこの疾患の患者の中で例外的に軽症な患者だった。彼が臨床試験に参加したことで、研究者たちは重要な疑問に答えられるようになるだろう。関係する研究者たちは、ウイルスの量は十分かどうか、失われたタンパク質が検出可能なほど上昇するには、どのくらいの割合の肝細胞に対してゲノム編集をする必要があるのか、編集した肝細胞はどのくらい長い間生存し、そのタンパク質をつくるのか、それらの細胞は機能的な編集を娘細胞に受け渡すのか、といった臨床的な問題を評価することができるだろう。これは次の臨床試験に有益な情報を与えるだろうが、マデュー本人が恩恵を受けるかどうかは大いに疑問の余地がある。私たちはしばしば新しい治療法を開発した臨床医や科学者をもてはやす。患者の多くが自分自身の回復を本当の意味で期待するのではなく、他の人の助けになることを期待して臨床試験の被験者になることに同意していること、またそのような被験者なくしては前に進めないことを、私たちは忘れるべきではない。

この治療が、最新の技術に比べてかなり見劣りする古いタイプのゲノム編集を使っていることを考えると、なぜ臨床試験が先に進められたのか疑問に思うかもしれない。最もそれらしい理由は、関係する企業であるサンガモ・セラピューティクス社は、すでにこの技術に対して何年にもわたって莫大なお金をつぎ込んできたからだと考えられる。薬の開発は、間違いなく洗練されたギャンブルそのものであり、すでに大金を賭けたので、そのまま先に進むより他に選択肢がないところまで来ているのかもしれない。

◆届けなくてはならない

ゲノム編集を臨床の場で使えるようにする最も大きな課題のひとつは、ゲノム編集の基本技術自体とはほとんど関係がない。従来の遺伝子治療の進展を妨げてきた問題と同じで、鍵となるのはドラッグデリバリーシステム（体内の薬物輸送の制御）である。

私たちはみな、錠剤の薬、あるいは液状の薬にはとても慣れている。問題は、このような薬の服用は、アスピリン、抗生物質、あるいは抗ヒスタミン薬のような昔ながらの低分子の薬の場合にのみ有効だということである。ゲノム編集の試薬のように、大きくて複雑な調剤はこのような方法で投与することはできない。そうした薬剤は強酸性の胃の中を通過した際に、機能を失ってしまうと考えられる。

もし何か大きくて複雑なものを人の体内に行き渡らせたければ、通常それを血管内に注射する必要がある。血液は私たちの体の輸送網であり、栄養、気体、毒素をすべて正しい目的地に運んでいる。体内を巡る旅の早い段階で、注射されたどんなものも巨大な除染臓器である肝臓にたどり着く。肝臓のおもな仕事のひとつは解毒であり、体内に入ってきた変な外来物質が組織に害を及ぼす前にそれらを分解する。

問題は、ゲノム編集の試薬は肝臓にとってまさに変な外来物質に見えるということである。肝臓はすぐに仕事に取りかかり、これらの侵入者を分解する。すると、最終的な標的組織に到達する前に試薬の量は少なくなってしまい、薬の効果が現れなくなってしまう。

古いバージョンのゲノム編集を使ったハンター症候群の臨床試験が、肝臓よりも先へ試薬を届ける必要がない疾患を標的としているのは納得できる。実際、外来物質を自身の中に取り込むという肝細胞の性質は、このシナリオの中では決定的な利点となる。もし科学者たちが適切な配送用の小包をつくれれば、肝細胞の正常な機能を介して遺伝的荷物を含んだその小包を解く手助けをし、その結果、その中身の物質が肝細胞の核の中に入り込み、その中で見つけた標的DNAを編集する機会を得ることになる。もしこれがうまくいけば、肝臓自身が失われたタンパク質をつくってそれを血中に放出し、その後そのタンパク質は血管の中を通って標的組織まで旅して自分の仕事をすることになる。

鎌状赤血球症とサラセミアのために開発中の臨床試験も、経路は違うが、ドラッグデリバリーの問題に取り組んでいる。この場合、ゲノム編集の試薬は直接体内に導入されるのではなく、いったん患者の体内から細胞を取り出し、実験室の中でその細胞に試薬を導入する。ゲノム編集が起きたことを確認できたら、普通に輸血をするように、その細胞を体の中に戻すことができる。

私たちの体内のすべての組織は、血管系を通じてつなげられ統合されていると思うかもしれないが、それには例外がある。それらは他の組織にはない特権を持つ部位として知られ、いわば連邦制の国の中で独立を認められているようなものだ。多くの人はこのことを自覚せずともよく知っているはずだ。私たちは、腎臓、肝臓、心臓、肺、他のほとんどの臓器の移植をする際、ドナーとレシピエントができる限り適合するのが重要だということを知っている。つまり、移植の際に、免疫系が自己と非自己を識別する際に使っている識別タグのようなものが、可能な限り似ているドナーとレシピエントのペアを探す努力をしているという意味である。そのような努力をすることで、外来の病原体から私たちを防御するために進化し、常に警戒体勢にある免疫系によって、移植した臓器が拒絶される可能性を下げているのである。かなり良く適合したペアであっても、レシピエントはしばしば、免疫を抑制する薬を服用しながら残りの生涯を過ごす必要がある。

しかし、角膜移植はまったく別の話である。角膜とは、目の前面にある透明な部分である。角膜移植では、ドナーとレシピエントが適合する必要はなく、患者は免疫を抑制する薬を服用する必要もない。私たちの目は、免疫系から実質的に隠れている特別な組織なのだ。これは、目の中で炎症反応が起きると失明する危険性があるため、それを避けるために進化したに違いない。

目の中に導入した外来の試薬は、免疫系によって攻撃される心配がないため、目はゲノム編集にとって格好の対象となる。免疫系の熱心な働きによって目の中に入れた試薬が除去されてしまうという心配をすることなく、安心して目の中の該当する部分に直接試薬を注入できる。私たちは、ゲノム編集の試薬が目の中から外に出ることはないということも知っているため、その試薬が間違った組織に入ってどこか別の場所で編集してしまうという心配をする必要もない。

ヒトの細胞とモデル動物を使った実験から、ゲノム編集が目の中の細胞で働くということはすでにわかっている。理論的には、この技術を使って、さまざまな種類の目の疾患をそれ以上進行しないように抑え、さらに治療することが可能になるはずである。このような疾患には、網膜色素変性症のような遺伝性の変異によって起きるもの、あるいは黄斑変性症のような加齢に伴って一般の人々に起きるものが含まれる。

ゲノム編集の企業であるエディタス・メディシン社は、この方法でレーバー先天性黒内障と呼ばれる遺伝性疾患を治療する臨床試験に向かって進んでいた。これは小児期に起きる失明の原因としてよく知られた疾患で、この疾患を患った子どもは1歳になる前に重度の視力低下が起こり、最終的には徐々に進行して失明に至る。エディタス・メディシン社は、ゲノム編集の試薬を目に直接注射する方法で、疾患の原因となる変異を取り除く治療を計画した。しかし、計画は行き詰まって、規制当局への臨床試験の申請を先延ばしにせざるを得なかった【10】。ゲノム編集の取り組み自体に何か不具合があったようには見えないが、その企業は高い品質の試薬を、臨床試験に使えるほど十分な規模で製造するところに問題があった。現在彼らが、アラガン社と呼ばれるもっと名の知れた企業と手を組んだというのもうなずける。アラガン社は、人に対して治療効果があると主張するために必要とされる、実質的に重要なプロセスにおいて豊富な経験を有している。

◆東を見ると

アメリカや欧州の規制当局は、当然のことながらヒトでのゲノム編集へ移行することに対して慎重な見方をしているが、中国では物事がかなり速く進んでいる。中国の病院において約100人の患者が、最も進歩した形態のゲノム編集を使って治療を受けたという主張がある【11】。問題はこの声明が、中国の医者たちが欧米のジャーナリストに話した主張に基づいていることである。科学的論文、あるいは臨床報告は発表されていないため、どのような疾患が標的とされたのか、あるいは新しい技術を使って疾患が改善、または安定化されたのかどうか知るのは難しい。

なぜ中国はこの技術の臨床試験において世界の他の国々より先に行っているのか？　詳細な情報がないために確認するのは難しいが、いくつかの理由はほぼ間違いなく、リスク回避の意識が低く、規制措置が緩い医療文化が背景にあるだろう。この問題をどう捉えるかは、あなた自身が置かれた状況によって変わるかもしれない。もしあなたが疾患のために余命を宣告され、他に治療するすべがないとしたら、すぐにでも新しい方法を試したいと思うかもしれない。一方、もし研究申請自体がいい加減なものだったら、規制管理の緩さはたいした問題ではない。

なぜ中国の科学者や臨床医たちが、彼らの方法や臨床の結果を医学的な刊行物で発表しないのか、理由は定かでない。しかし、その一部の理由は、明らかに低い中国の規制レベルの結果かもしれない。もし中国での臨床試験が欧米の規制当局の倫理水準を満たすものでなければ、中国以外の国の多くの雑誌は、倫理水準に満たないことを理由にして積極的に論文を発表しようとはしないかもしれない。

論文での発表がないことについては、現実的な理由もあるだろう。ゲノム編集の基盤となる技術は信じられないほどの価値があり、技術をつくった機関はその知的財産をかなり積極的に保護したいと考えている。もし彼らの画期的な発明を誰かが商業的に使ったら、発明者には多額のお金が支払われることが期待される。また中国では、かなりの医療が民間の医療保障制度に基づいて実施されている。もしゲノム編集技術を本来の手順を経ずに無断に使って治療したとしても、その詳細を論文として発表しなければ、知的財産を侵害したとして、発明者が訴えるのはかなり難しくなるだろう。

理由は何であれ、中国からほとんど情報が出てこないのは実に残念なことである。このような情報を包み隠さずシェアすることは、間違いなく医学の進歩のスピードを世界規模で早め、患者の利益につながるに違いない。それによって、何が効果的で何が効果的でないのか、また安全上のリスクは何なのかについて、すべての人に優れた情報がもたらされるだろう。

第6章

安全第一

HACKING
THE CODE
OF LIFE

医療の規制機関は、明らかにゲノム編集の安全性について懸念を抱いている。もちろんすべての国や地域ではないかもしれないが、少なくとも欧米の規制機関はそうである。しかし、このような懸念があるからといって、この技術が本質的な危険性を有していると考えるべきではない。すべての新しい薬が乗り越えなくてはならない最初のハードルは、安全性のハードルである。安全でなければ、その薬を市場に出す許可が得られる見込みはない。

もちろん、安全性とは相対的な単語である。安全性は恩恵とのバランスを取る必要がある。もし薬局で買えるような花粉症の薬に、吐き気、嘔吐、倦怠感、脱毛といった副作用があるとしたら、規制機関は否定的な見方をするだろう。一方、その薬が、他に手の施しようがないがん患者の命を救う唯一の選択肢だとしたら、規制機関は、かなり不快だが命に関わることはないこれらの副作用を容認するかもしれない。

製薬会社では、ある薬が大規模な安全性の問題を引き起こす可能性があるとわかった段階で、開発を中止することは実際によくある。新しい薬を使った実験室での研究から、安全性が不十分なため不合格になる見込みが高いことがわかったら、莫大な経費のかかる臨床試験を続ける意味はない。

問題は、新しい治療が革新的であればあるほど、その安全性について予想が難しいということである。そもそも予想すること自体、無理な話なのかもしれない。そのような予測困難な事例として、

2009年に欧州で特定のインフルエンザのワクチンを接種された子どもや若者に、ナルコレプシー(居眠り病)が多く発症したという例がある【1】。何がこの関連をもたらしたかはっきりしていないが、そのワクチンがたくさんの人に使われる前に、誰もそのリスクを特定できなかっただろう。

しかし、ゲノム編集のように新しいものであったとしても、研究者や規制機関は、評価したいリスクに対して論理的に取り組むことができる。ゲノム編集は、本質的にDNAの変化を導入する方法である。科学者たちが2012年に最初に報告された新しいゲノム編集技術を熱狂的に受け入れた理由は、それが過去に開発された他のどんな方法よりも正確だったからである。

2017年にコロンビア大学の研究チームが、マウスの細胞を用いてゲノム編集を行ったところ、目的の変異に加えて、数千とはいかないまでも、数百の意図していない変異(オフターゲットと呼ばれる)が導入されたとする論文を発表したとき、業界全体が震撼した【2】。これはきわめて憂慮すべきことであり、特にこの技術が臨床応用に近づいていたらなおさらである。しかし、1年以内にパニックは収まった。他の研究者たちが、最初に行われた実験が、きちんとした計画に基づいたものではなく、結論に誤りがあることを示したからだ【3】。立派なことに、コロンビア大学の研究チームは自分たちの実験を再検討し、他の研究者による指摘は正しいと認めたのである。最初の論文の6人の著者のうち2人しか同意しなかったが、最終的に最初の論文は撤回された。

最初の論文を出版した雑誌の編集者に対しては、かなり多くの批判があった。たとえば、オーストラリア国立大学の教授は次のような辛辣な批判をしている。「私はこの論文がネイチャー・メソッズ誌で発表されたことに愕然としている。これはひどい論文であり、私がこの論文の査読者だったら、最初のレビューの段階で却下していただろう。これは、高いインパクト・ファクター*を目指す雑誌が、優れた科学ではなく刺激的な論文をもてはやすことから生じる憂慮すべき傾向である。この論文を出版したことは、ピア・レビュー**過程の明らかな失敗である。」【4】

＊（訳注）ある学術雑誌から発表された論文が、その後他の論文で引用された頻度を元に算出される値で、雑誌の影響度を測る指標として用いられる。
＊＊（訳注）学術雑誌に投稿された論文を、同じ分野の別の研究者が検証するシステムのこと。

あなたは、学者たちがなぜ最初の論文とその誤った結論にそこまで抗議するのか不思議に思うかもしれない。結局のところ、科学的な研究成果が報告され、それが関連する科学者たちの批判で訂正された。この過程をみると、科学界の自浄作用がきちんと機能したように見える。

しかし、研究者たちが、科学論文の信頼性を担保する規範の低下に懸念を示した背景には、もっともな理由がある。抗議の一部は、疾患を治療するためにゲノム編集を開発している企業から出された。最初の論文発表がメディアで頻繁に取り上げられたため、ゲノム編集に対する安全性の懸念から、これらの企業の株価は大きな打撃を受けた。新しい技術に取り組んでいる企業は、開発の先頭に立っている場合が多いため、誤った情報で投資状況が危険にさらされたら、かなりいら立たしく思うだろう。

別の問題は、撤回された論文は消えないということである。原因となった文献の情報をオンラインの検索エンジンに入力してみたらわかるように、その論文を参照するたくさんの結果が表示されるだろう。しかし、そこにはその論文が撤回されたことは何も書かれていない。それゆえ、この類いの問題のある論文は、学術界の水を泥で汚し続ける。

他の問題として、研究内容は科学的にひどく間違っているにもかかわらず、先端的技術は信用できないという時代の風潮に合致した研究が、その分野に大きなダメージを与える可能性がある。1998年、スコットランドの研究機関で働いていたアルパド・プシュタイ（Árpád Pusztai）と呼ばれる科学者が、ラットに遺伝子組換えのジャガイモを与えたところ、その成長が妨げられ、免疫系が抑制されたと主張した。彼はその研究結果がきちんとした雑誌の査読を受ける前に、テレビ番組に出てこの主張を展開した。

たちまちその反響があり、遺伝子組換え作物による健康への影響をめぐる大騒動が引き起こされた。イギリスの王立協会による科学的な総括では、彼が示したデータは、彼が導き出した結論を支持するものではないと結論づけた【5】。しかし、その被害は深刻だった。いまでも、その後の数々の研究において、遺伝子組換え作物と健康への悪影響とのつながりは見られないという報告がされると、遺伝子組換え作物に反対する団体はこのジャガイモの研究をしつこく取り上げ、プシュタイ博士を不遇な英雄で殉教者のような存在として扱っている。

責任の所在が曖昧なこの大騒動は、初期段階にある技術が、不十分、あるいは欠陥のあるデータに基づく早まった結論によって、被害を受ける可能性があることを示している。プシュタイ博士による論文は、最終的にランセット誌において報告されたが、それによってこの騒動が収束することはなかった【6】。データから導き出された結論は、以前にテレビ番組で主張していた結論ほど極端なものではなかったが、評論家たちは、論文を発表するのは、すでに手がつけられなくなった火にさらに油を注ぐようなものだと批判した。ランセット誌は、出版しないことは検閲につながる可能性があると反論し、科学的進歩の自浄作用を信頼する決断をしたように見える。

いやはや、ランセット誌は過去の教訓を忘れてしまったのだろうか。残念ながら、これはかなり見当違いの見解であり、編集者たちは、刺激的に見える劣悪な科学は、それを正す良質で退屈な科学よりも、人々の心に長く残るということを忘れてしまったように見える。そもそも、1998年に自閉症の発症とMMRワクチン（麻疹、おたふく風邪、風疹の三種の弱毒化ウイルスが混合されたワクチン）との関連性を主張した、アンドリュー・ウェイクフィールド（Andrew Wakefield）による悪名高い論文を発表したのが、このランセット誌だったからである【7】。この論文では、呆れるほど検体数が少なく、統計にはお粗末な方法が用いられ、しかもひどい利益相反（一般的に、他者の利益を図るべき立場にいる人が、自身の利益につながるふるまいをすること）があった。その後、世界の何十万人の子どもの調査に基づく大規模な解析によって、自閉症とMMRワクチンには何の因果関係もないことがはっきりと示された【8】。ランセット誌は、論文の発表から12年も経ってからようやくその論文を撤回した。

しかし、インターネットで検索すれば、それこそ12秒程度で自閉症の原因としてワクチン接種を非難し続けている数々のサイトを見つけられるだろう。子どもの疾患に対するワクチン接種は、おそらく過去100年で最も医療への貢献が大きかった治療方法だが、運悪く間違って出版されたこの論文によって、ワクチンに対する信頼が大きく損なわれることになった。2017年、ヨーロッパで2万人を超える人が麻疹（はしか）にかかり、記録では35人が亡くなっている。世界保健機関（WHO）は、これは人々がワクチンを避けたことが原因だとしている【9】。

ゲノム編集によって、ゲノム中に何百もの意図しない変化がもたらされると主張した最初の論文に対して、科学コミュニティが即座に反応したのはこのためである。これは、彼らがその論文の主張を気に入らなかったわけではない。行われた実験がお粗末なものであり、そこから得られた結論が科学的に正しくないと信じていたからである。さらに、不適切な概念が根付くと、どのように業界全体が汚されダメージを受けるか、苦い経験から知っていたからである。

◆諸刃の剣

しかしながら、この話はゲノム編集の安全性を保証するものではなく、特にヒトの治療に使う場合はなおさらである。ゲノム編集にはある潜在的な問題点があり、現在それについて多くの研究が行われている。

p53というと、郊外のバスルートの名称のように聞こえるかもしれないが、実際には私たちの細胞の中にある最も重要なタンパク質のひとつであり、がんについて考えるときは特に重要な因子である。少し大げさかもしれないが、p53はゲノムの守護神といわれることもある。実際の機能を考えると、これはそれほど悪くないたとえである。私たちの細胞の中のDNAは、常に放射線や特定の化学物質のようなDNAを傷つける因子の攻撃にさらされている。もしDNAの損傷が正しく修復されなかったら、それが突然変異を引き起こし、最終的にがんにつながる場合もある。それゆえ、損傷を受けた細胞を殺してしまうほうが安全な場合が多く、p53が働くのはまさにこの段階であり、基本的に細胞を自殺に導く反応を引き起こす。もし細胞の中でp53が失われている、あるいは不活性化されていた

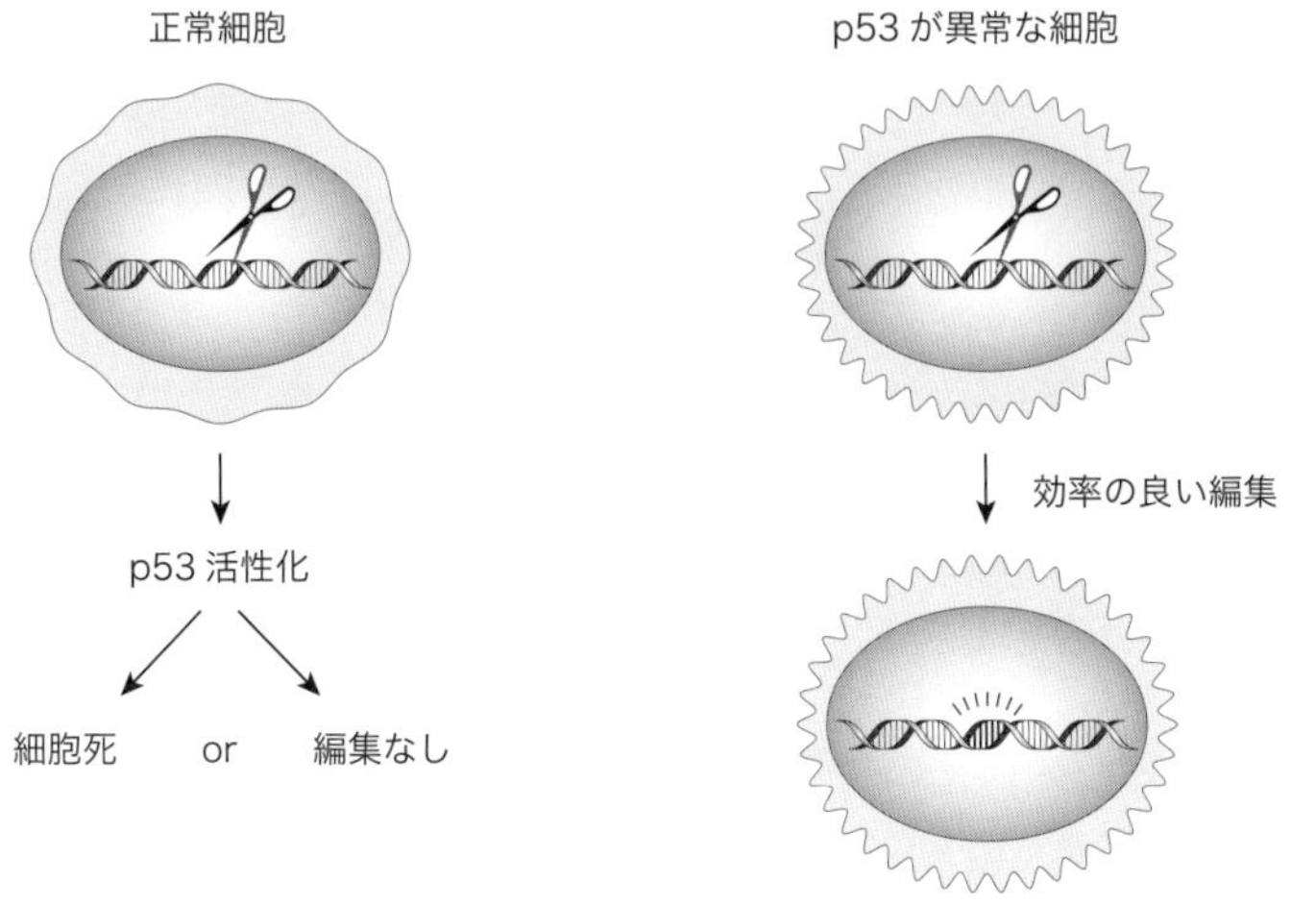

図6.1　細胞の持つDNA修復機構とゲノム編集の効率。正常な細胞では、ゲノム編集による編集効率が概して低い。ゲノム編集はある種のDNA損傷として細胞に感知され、p53という因子を介して完全に修復されるか、細胞死に至る。一方p53に異常がある細胞では、不完全な修復、細胞死の回避によってゲノム編集の効率が良くなっている可能性が考えられる。

ら、細胞は多くの突然変異を蓄積しやすくなる。このように、機能的なp53の欠失と突然変異の蓄積は、ほとんどのがんで見られる特徴である。

ゲノム編集に関わる潜在的な問題とは、細胞の中で起きる出来事のひとつが、基本的にはＤＮＡを切断する、つまりＤＮＡを傷つけるということにある。細胞からすると、ゲノム編集によるＤＮＡ切断が意図的なものかどうか知るすべはない。それゆえ、他のＤＮＡ損傷の場合と同じように、p53を活性化させて損傷を最小限に抑えるための反応を引き起こすと考えられる。

これこそが、ゲノム編集を用いた実験において、意図した通りにゲノムが編集される細胞の割合が１００％よりかなり低い理由だと考えられる。編集がうまくいかなかった細胞は、単にp53が良い仕事をして、

ＤＮＡ損傷が起きるのをうまく防いだだけかもしれない（図6・1）。

２０１８年、ゲノム編集の効率が実際にp53の活性に左右されることを、２つの研究グループが独立に示した【10】【11】。これは憂慮すべき仮説につながる。もしかしたら、最も効率よく編集された細胞は、p53の応答経路に欠陥のある細胞かもしれない。おそらく、実験室レベルではこれが問題になることはほとんどないだろう。しかし、そのような細胞をヒトの患者に移植する場合には、間違いなく問題となる。このシナリオでは、あなたは細胞の集団を編集し、編集がうまくいった細胞を選択する。その後、それらの細胞をヒトの患者に注入する。しかし、それらの細胞で編集がうまくいった理由が、それらの細胞のp53システムに欠陥があったからだとしたらどうだろうか？　あなたは、p53がまだきちんと働いている細胞よりも、そのシステムに欠陥がある細胞を人為的に選択して、患者に注入することになる。さらに、基本的には選別した細胞を実験室で増殖させてから患者に注入すると考えられ、この増殖の過程が細胞のがん化への道のりをさらに先に進ませているかもしれない。

この２つの重要な論文の著者たちはいずれも、現時点ではこれはただの理論上の可能性であると、とても責任を持って指摘していた。またこの可能性は、単に遺伝子を取り除くのではなく、欠陥のある遺伝子の修復を目的とした、一部のゲノム編集にのみ当てはまる。

ゲノム編集の効率と、機能的なp53の有無に関係があるかもしれないということは、私たちが理解しておくべき重要なポイントである。ゲノム編集を疾患の治療に使う際、その治療の長期的な安全性を評価できるような優れた実験を計画する助けになるだろう。私たちは仮説を立てて検証し、ヒトに再移植する細胞が正常なp53を持っているかチェックすることができる。

すべて良い方向に進んでいる。ただし、あなたがゲノム編集を専門とする上場企業の関係者でなければの話である。このp53についてのニュースが広がったことで、ヒトの疾患を治療する目的で、最先端のゲノム編集技術を開発している企業の株価が、5~15ポイント下落した【12】。

ゲノム編集が大きな影響を及ぼすと見込まれている治療分野が、がんの治療であったため、p53の話が株式市場にもたらした恐怖はいろいろな意味で皮肉であった。なぜなら、驚くべき成果をもたらしていたのが、ある種のがんに対する新しい治療だったからである。この方法では、科学者たちはがん患者から特別な種類の免疫細胞を取り出す。次に、遺伝子組換え技術を使って、その細胞ががんを攻撃し破壊できるように変化させる。小児がんに対して2015年に行われた治験では、この治療の後、30人中27人の患者でがんが消えたのである【13】。彼らは、他のいかなる治療法でも効果が認められなかった患者だった。これほどの治療効果は、がんの世界ではほとんど聞いたことがない。

ゲノム編集がDNAを変化させる優れた技術であることを考えると、現在ゲノム編集がこのがんの治療法に必要な患者特有の免疫細胞をつくるのに応用されているというのは驚くことではない。学術界と産業界はいずれも、この治療の可能性を全力で検討している【14】。

◆科学は単純だがお金はそうでもない

世界中の研究室が、目がくらむほど数多くの疾患に対してゲノム編集の可能性を検討している。接合部型表皮水疱症と呼ばれる、皮膚に深刻な水疱を形成する疾患を患う7歳の子どもは、すでに昔のバージョンの遺伝子組換え技術を使って表皮全体を置換しており【15】、まず間違いなく、この治療をさらに進めるために新しいゲノム編集技術が使われるだろう。致命的な筋萎縮症であるデュシェンヌ型筋ジストロフィーや、神経変性疾患であるハンチントン病の治療にも、新しい技術を応用する研究が進められている【16】【17】【18】。血中のコレステロール濃度を制御できないために、心臓発作や脳卒中の高いリスクがあり、しかも心臓血管疾患を防ぐ頼みの綱であるスタチンと呼ばれる薬剤に反応しない、家族性高コレステロール血症と呼ばれる遺伝病がある。ゲノム編集をモデル動物に使った予備的な実験では、良好な結果が得られている【19】。

これらはすべて、患者が一生涯その病気を患う、あるいは早期に死亡する、あるいはその両方に直面することがわかっている疾患である。ゲノム編集が、患者や家族が知る限り初めての効果的な処置、実際の治療の機会をもたらす可能性が高い。この技術の応用にとって主要なハードルは、技術的なものではなく、むしろ経済的なものである可能性が高い。ヒトへのゲノム編集が基本的にまったく新しい形態の医薬品であることをふまえて、私たちがその薬の開発にかかる経費を削減する道を見出さない限り、治療を必要とする人たちには届かないかもしれない。医療経済は並外れて複雑であり、医療行為の倫理とも密接に関わっている。誰が「高い」と「高すぎる」の線引きをする権利を持っているのだろうか？ しかし、生を授かって生まれたヒトの疾患を治療するかしないかという倫理的なジレンマは、次の問題と比べたら些細なものもしれない。それは、ゲノムを永久に変えることができる受胎の瞬間に私たちは遺伝的な介入をすべきか、という問題である。

第7章

ゲノムを永久に変える

HACKING
THE CODE
OF LIFE

疾患の治療というと、普通は出生後の患者の治療を指すだろう。医療的な介入は、出生直後に始まるといえるかもしれない。イギリスでは、すべての出生後5日経った赤ちゃんは、ヒールプリック（heel prick）テストと呼ばれる新生児検査を受ける【1】。赤ちゃんのかかとに針を刺して、4滴の血液を採取する。9種類の希少な疾患の検査をするのに4滴の血液があれば十分なのだ。検査するのは、鎌状赤血球症、嚢胞性線維症、ホルモン欠乏症、それに加えて、ある種の化学物質を代謝できない6つの疾患である。生まれてすぐの段階で、赤ちゃんがこれらの疾患のひとつでも持って生まれたと医療の専門家が把握できたら、生存の可能性と生活の質を高める医療的な介入を施すことができる。嚢胞性線維症の赤ちゃんは、重篤な肺の感染症を引き起こしやすいため、抗生物質を使った初期の治療は、生きるか死ぬかの問題になる可能性がある。先天性甲状腺機能低下症の赤ちゃんは、成長が遅れ重度の学習障害を伴う危険性があるが、この症状は不足している重要なホルモンを与えることで防ぐことができる。

医療介入に際してまったく薬を必要としない場合もある。イギリスでは新生児の約1万人に1人は、フェニルケトン尿症と呼ばれる疾患を持って生まれる。この疾患を持つ人は、タンパク質に含まれるアミノ酸のひとつを分解できず、そのアミノ酸が脳や血液で有害なレベルにまで増加する。私たちがこの疾患を理解し、その遺伝的状態を検査できるようになる前、この疾患の患者は学習障害、行動の問題、反復性嘔吐やてんかんといった症状を伴って成長していた。現在、フェニルケトン尿症の赤ちゃんは生まれてすぐに見つけ出され、低タンパク質の食事と、必要とされる他のアミノ酸のサプリメントが与えられる。この食事管理を続け、アスパルテームなどの人工甘味料を避けることで（これらの甘味料は体の中で問題となるアミノ酸に変換されるため）、この遺伝疾患に伴う臨床症状は完全に克服できる。

私たちは年をとるにつれて、より多くの医薬品を摂取する傾向がある。鎮痛薬、抗生物質、抗ヒスタミン薬、ホルモン補充療法は当たり前になっている。幸いにも健康に年を重ねた人でさえ、スタチン、少量のステロイド薬、勃起不全の治療薬を服用していることに思い当たるかもしれない。その他にも抗うつ薬、糖尿病のためのインスリン、関節リウマチを治療するための抗体、さらにはがんを治療、あるいは制御するためのさまざまな化合物の世話になるかもしれない。

どんな種類の薬であっても、私たちが摂取する薬にはある共通点がある。これらの薬は、病理学的な異常を引き起こしているタンパク質の働きを阻害する、あるいは量が少ないために本来の仕事ができなくなったタンパク質の代わりをするために設計されたものであり、個人のＤＮＡを変化させるために設計されたものではないという点である。

実際のところ、これらの薬がＤＮＡを変化させないことを確認するために、多大な労力が投じられている。新規の薬は開発の段階でスクリーニングが実施され、ＤＮＡの変化を引き起こす、つまり突然変異を起こす薬は優先順位が下げられる。そのひとつの理由は、その薬を処方された人に、がんの原因となる突然変異を引き起こすリスクを最小限にするためである。もうひとつの理由は、卵、あるいは精子をつくるための細胞である生殖細胞において、突然変異が起きないようにするためである。

いまでは、もし生殖細胞に変異を引き起こすリスクがあれば、その薬が承認されるのはきわめてまれである。

もしある薬が生殖細胞に突然変異を誘導するとしたら、これらの変異は卵、あるいは精子の正常な発生を停止させ、不妊を引き起こすかもしれない。しかし、もっと深刻な懸念は、卵、あるいは精子に突然変異が入って、それが新しく生まれた人に受け継がれてしまうことである。もしそうなると、その人の体中のすべての細胞がその変異を持ち、さらにその人の子どもにもその変異を受け渡すことになる。

実際のところ、このようなDNAの変化は薬を摂取しない人でも常に起きている。生殖細胞が突然変異を制御する厳重な機構を備えていたとしても、突然変異が起きることは避けられない。これは部分的には環境因子の影響であり、卵や精子の発生段階でDNAに数々の複雑な出来事が起きるからでもある。ひとつの出来事が複雑であればあるほど、それがうまく行かない可能性も高くなる。男性が毎秒約1500個の精子をつくり出していることを考えれば【2】、ゲノムの中に変異が入り込む可能性があるのは明らかである。

それゆえ、科学者たちが新しい薬をつくろうとする場合、特に何もしないでも起きる程度と比べて、その薬によって突然変異が起きる確率が大きく上昇することがないように努力するのは当然だろう。

そう考えると、ゲノム編集による疾患治療は、現在のほとんどすべての薬の開発とは、ある意味まったく正反対なものと言える。もちろんとても制御され特別な様式ではあるが、ゲノム編集の目的は完全にDNA配列を変えることである。第6章では、治療の選択肢が限られている、あるいは現在有効な治療法のないさまざまな疾患を治療するために、このゲノム編集がどのように活用される可能性があるか議論した。もしこれらの方法が成功したら、その方法によって生殖細胞が大きな影響を受ける可能性は低い。鎌状赤血球症では、体外で血液前駆細胞にゲノム編集を施し、それを骨髄に再導入することになるだろう。デュシェンヌ型筋ジストロフィーのような症状の場合、直接筋肉を標的としてゲノム編集を施す可能性が高い。疾患を患った人は、彼らのDNAを変える治療を受けるが、これは私たちが体細胞と呼んでいる細胞のゲノム変化にすぎない。体の中のある種の細胞は影響を受けるが、生殖細胞はそのままである。

しかし今、人類の歴史において初めて、ヒトの体の全細胞のDNAを変化させる技術を利用する未来について、真剣に考えることができるようになった。この場合、治療を受けた人は、意図して導入された変異を彼らの子どもたちに受け渡すことになるだろう。プロローグで述べたように、賀建奎による時期尚早で、どうしようもないほど不適切な仕事によって、すでに私たちはその段階に来てしまった。私たちは一歩退いて、なぜこの問題を熟考するのか問いかける必要がある。

◆つらい必要性

生殖細胞のゲノム編集にまつわる多くの議論は、その人の背を高くしたり、足を速くしたり、より魅力的にしたりする、強化されたゲノムを持つ超人を生み出すことと関係している。実際には、私たちはこれらの形質をもたらす遺伝的基盤をほとんど理解しておらず、いまの私たちの知識では、この方法で人間を強化するのはとても難しいだろう。というのも、これらの形質のほとんどは、数多くの遺伝子の相互作用による影響を受けているため、最終的な形質に対する個々の遺伝子の寄与はわずかであり、これらを適切に編集して違いを生み出すのは事実上不可能だからである。

ゲノム編集のコストと複雑さから考えても、ゲノム編集を使って両親が確実に青い目とブロンドの髪の子どもを持てるようになるとは思えない。黒い肌と赤毛、あるいはあなたが魅力を感じるどんな組み合わせでも同じである。

しかし、ヒトゲノムの中の単一で独立の変異が、大きな影響を及ぼすことを確実に予測できるケースがある。生殖細胞のゲノム編集を取り巻く議論が起きているのは、まさにこの点である。

レッシュ・ナイハン症候群は遺伝性疾患のひとつであり、その症状はきわめて重篤である。この疾患を患う男の子（患者はほぼ例外なく男の子である）は、尿酸と呼ばれる物質が体内のさまざまな場所に高濃度に蓄積するため、おそろしいほどの関節痛と腎臓の機能不全に見舞われる。尿酸の関節への蓄積は、通常成人で見られる痛風と同じしくみで起きる。痛風に見舞われた人は、これまで経験したことがないほどの激しい痛みと表現することがある。小さな男の子の立場になって、この痛みを経験していることを想像してみてほしい。

不幸にも、これはレッシュ・ナイハン症候群の子どもに起きる最悪の症状ではない。彼らはさまざまな神経障害による行動も発症し、その中でも最も痛ましいのは、自分の四肢や唇を噛んで傷つける自傷行為である。これを防ぐために、約75％の患者は大半の時間身体を拘束され、患者自身が拘束を希望することもある。

この疾患を患った男の子は、20歳まで生き延びることはまれである。最も一般的な死因は、尿酸の蓄積による腎臓の機能不全である。腎臓の影響は比較的簡単に制御できるものであり、これが家族や臨床医にとって悲痛な倫理的ジレンマをもたらしている。多くの患者にとって生きることが身体的な苦痛そのものであるとしたら、腎臓の問題を治療して長生きさせることは倫理にかなったことだろうか？

現在開発中のすべてのゲノム編集の手段をもってしても、その男の子の脳の中の遺伝的な異常を修正することは信じられないほど難しい。脳は体の他の部分からの未確認物質の侵入を防ぐ特別なバリアを持っているため、脳に薬や他の化学物質を届けるのはきわめて難しいからだ。また、実際にゲノム編集を行う対象は、脳のニューロン（神経細胞）である可能性が高い。しかし、ニューロンは分裂しない細胞であり、このような分裂しない細胞ではゲノム編集の効率は低い傾向がある。脳内に約1000億のニューロンがあることを考えると、これは大きな問題である。また神経障害を元に戻せなくなるのがどの段階であるかも確実ではないため、ゲノム編集をするためにどのくらい時間的猶予があるのかもわからない。

もしあるカップルが、レッシュ・ナイハン症候群の息子を持つリスクがあるとわかっていたら、できるだけ早い段階で介入してこの疾患を発症しないようにするのは素晴らしいことではないだろうか？　理想的には人生の最も早い段階、たったひとつの細胞のときに介入することになるだろう。卵と精子が融合して形成され、最終的にヒトの体を構成する37兆の細胞を生み出す驚くべき単一細胞である、受精卵の中の変異DNAを修正したらどうだろうか？

この方法が応用できるのは、何もレッシュ・ナイハン症候群だけではない。ハンチントン病では、ある特別な変異の存在が致死的な神経変性疾患を引き起こす。小児期に症状が現れることもあるが、中年になるまで症状が現れないほうが一般的なので、ハンチントン病だとわかったときにはすでに子どもがいる場合が多い。患者は、自分の体が徐々に疾患に侵されていく事実に直面するだけでなく、自分の子どもが50％の確率でこの遺伝的な時限爆弾を受け継いでいることを知ることにもなる。

ある家族にハンチントン病の症状が現れたことを臨床医が知った時点で、受精卵にゲノム編集を使って、この変異が子どもに伝わらないようにできたら、それは素晴らしいことではないだろうか？　移植されて新しい人間に成長する受精卵からすれば、ゲノム編集はこれまで受け継がれてきた深刻な疾患のリスクから、その家系を解放することになる。

ゲノム編集によって、重篤な疾患を発症前に防ぐことが可能になる世界では、倫理的なパラダイムシフトが起きてしまったのだろうか？　倫理的な議論を経て正当化することなしに、可能だからという理由で先に進めてしまってよいのだろうか？　いまや、介入しないことを逆に正当化しなければならないところまで来てしまったのだろうか？

◆考えてから行動する

このような生殖細胞へのゲノム編集を安全に、日常的に行って、ひとりの人間の体の全細胞、またその人の子孫の全細胞のDNA配列を変化させるという状況に、私たちは実際のところどれだけ近づいているのだろうか？　おそらく私たちが考えているほど近づいてはいないし、賀建奎によるこの技術の利用が正当化されるほど近づいてもいない、というのが現時点の答えだろう。

生殖細胞のゲノム編集には、体外授精という技術が必要になる。世界中の多くの研究室やクリニックがこの技術を使って、精子と卵を融合させて受精卵をつくることができる。この受精卵は、数回細胞分裂をする間研究室で培養され、その後女性の子宮に移植される。ゲノム編集を使って受精卵のDNAを変化させることは、理論的にまったくもって可能である。しかし、その方法を使って得られた受精卵を将来の母親の子宮に移植する前に、編集が実際にきちんと行われたか検査したいと思うかもしれない。一方、検査するための唯一の方法は、その受精卵を壊すことである。

受精卵を数回細胞分裂させて、その後で少数の細胞を採取することができる。そうしたとても早い段階の胚から採取した少数の細胞は、そのまま発生すれば、胚や胎盤の形成に寄与するはずの細胞である。これまでの経験から、この段階の胚から少数の細胞を採取しても、胚がきちんと発生できることがすでにわかっている。胚から採取した細胞を検査して、ゲノム編集がうまく行われたか確認できるだろう。しかし、ここで私たちは、受精卵をまさに適切なタイミングで編集し、その受精卵がつくり出したすべてのDNAコピーが同一であると仮定する必要がある。そうでなければ、編集された細胞と編集されていない細胞が混ざった胚を移植するリスクを冒すことになり、望んでいた臨床的結果は得られないかもしれない（図7・1）。

現時点では、胚の一部の細胞が残りの胚全体の細胞を代表するものであるとする仮定を100％確信することはできない。実際に、これは中国で編集された双子で適切に検討されなかったことであり、この技術がすぐに広範囲で採用されないひとつの理由である。他の哺乳動物での研究は期待できるものだが、この結果がどの程度ヒトの胚発生と同じと考えてよいのかわからない。イギリスでは、受精

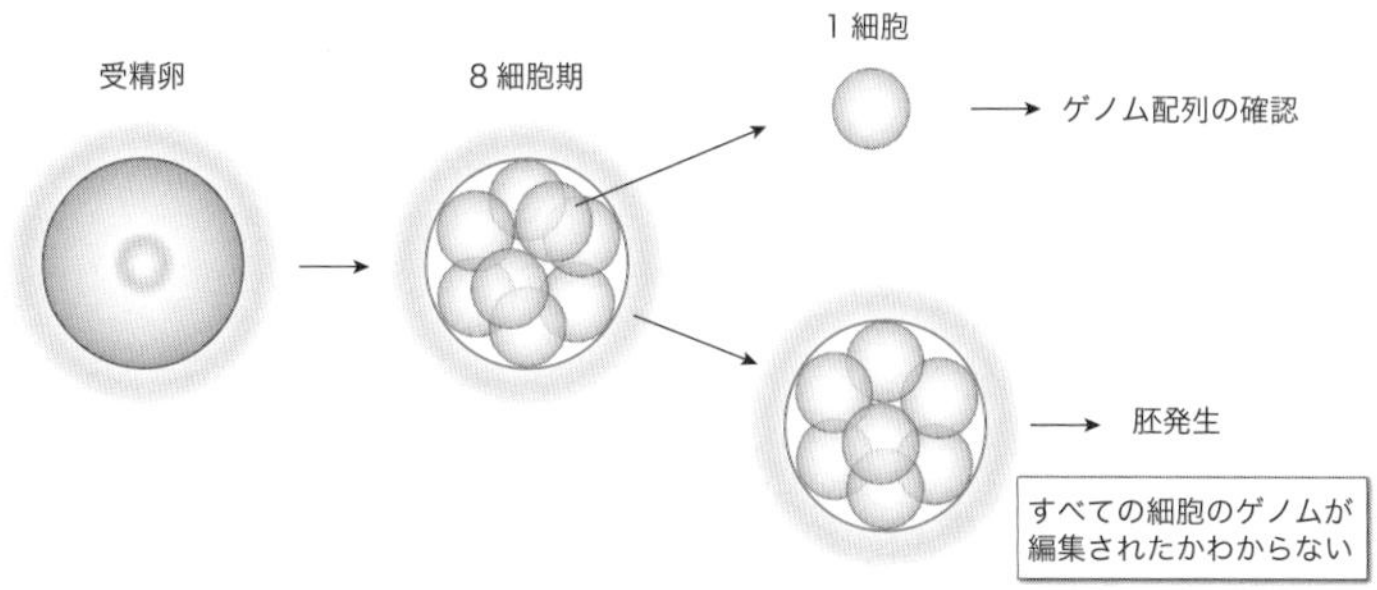

図7.1　受精卵をゲノム編集した場合の問題点。体外受精によって作製した受精卵に対してゲノム編集を適用する場合、その胚を破壊しないと実際にゲノム編集がきちんと行われたか、ゲノムの他の領域に意図しない変化が起きていないか確認するすべがない。この受精卵を数回分裂させた後で、そのうちの少数の細胞を取り出してゲノムを解析し、残りの細胞を使って胚を発生させるのが最も現実的な確認方法だと考えられているが、それでも一部の細胞が編集され、一部の細胞が編集されていないというモザイクの胚である可能性は完全には否定できない。

後14日より発生の進んだヒトの胚を用いた研究の一時的禁止措置があるため、長期間に渡る胚の観察が制限され、ゲノム編集の結果の評価が難しくなっている。関連する規制の枠組みの中で、この程度の実験ですら信じられないほど困難な国も数多くあり、今後の研究の進みは遅いと推測される。

ゲノム編集技術が成熟し、より効果的でより予測可能になるにつれて、少数の細胞から胚全体を推測する問題について、いずれ確信を持てるようになるだろう。しかし、ヒトの胚を使った研究の制限を考えると、この方法を臨床に使うべきだとする一般的な同意が得られるまでには何年もかかるかもしれない。しかし、いつの日かその日が訪れて、卵、精子、受精卵、あるいは初期胚をゲノム編集する、治療的介入が再び起きるのはほとんど避けられないことだと思われる。この準備を進めているのは科学者だけではない。このような事態に備えて、私たちヒトという生物種の遺伝物質にかつて例のない介入をすることについて、道徳的、倫理的問題を明確にして助言を与えるため、科学者、法律家、哲学者、そして倫理の専門家たちの協力関係が拡大しているように見える。

◆準備しておく

いまはまだ仮想の段階であるにもかかわらず、さまざまな機関がかなり熱心にこの問題に取り組んでいるのは奇妙に思えるかもしれない。しかし、いまこの問題について、関連する分野の専門家と一般の人たちを含む広い分野の人々との間で話し合うべき理由はちゃんとある【3】。

その理由のひとつとして、ヒトでの生殖細胞の改変を試みようとしているグループにとって、いつになったらこの技術が十分に成熟したと言えるようになるのか正確に予想できないということがある。賀建奎による国際的なフライングはあったが、時間的制約がある状況では、最良の倫理的、法的枠組みは発展しない。そのため、実現するずっと前からこの問題を考えておくのは重要なことである。

もうひとつの理由は、倫理的、法的な判断が、実行可能な研究やその研究が進む方向性に影響を与える可能性があるということである。理想的には、倫理は科学の進展に引きずられるべきではなく、倫理と科学はお互い情報を共有しながら一緒に進展すべきである。

生殖細胞でゲノム編集を行うのは非常にまれなことであり、個々のケースを個別に扱えばよく、倫理的枠組の発展について心配する必要はないと考えたくなるかもしれない。しかし、この仮定については注意する必要がある。歴史は、ある医療介入が効果的なものであれば、すぐに広まるということを示している。1978年に最初の試験管ベビーの女の子が誕生したとき、体外受精はきわめて特殊な医療行為だと思われた。しかし、それから40年経って、すでに500万人以上の試験管ベビーが誕生しているのだ。

ヒトの生殖細胞へのゲノム編集について、その倫理的、法律的意味合いを広く議論することは、国際的な垣根を越えて一貫性のある枠組みを発展させる機会につながると期待されている。国によって法律制度が異なると、困ったことになる場合があり、改変されたゲノムを持つ最初の赤ちゃんが生まれたケースはまさにその象徴であろう。

これはゲノム編集の話ではなく、3人の親をもつ胚の作製についての話である。ヒト細胞では99%のDNAは核の中に納められている。このうち半分は母親から、半分は父親から受け継いでいる。しかし、ヒトゲノムの約1%は、ミトコンドリアと呼ばれ、細胞の中に1000~2000個ある細胞内小器官の中にある。ミトコンドリアは細胞内で発電所のような役目を果たしており、私たちはミトコンドリアDNAを母親のみから受け継いでいる。

核DNAの変異が疾患を引き起こすように、ミトコンドリアゲノムの変異も問題を引き起こすことがある。リー症候群と呼ばれるまれな疾患があり、この疾患の赤ちゃんでは、通常0歳のうちに症状が現れ始める。この疾患の症状には発育障害があり、さらに広範な神経変性の進行に伴って精神機能や運動機能が失われる。その子どもは、多くの場合発症してから3年以内に亡くなる。リー症候群として報告されたケースの5分の1は、ミトコンドリアDNAの変異によって引き起こされたものである【4】。

このような状況が、子どもを切望していたヨルダンのカップルで起きた。その女性は4回の流産を経験し、疾患を持って生まれた娘は5歳で、さらに息子は1歳の誕生日を迎える前に亡くなった。遺伝子検査によって、母親のミトコンドリアDNAに変異があることがわかった。彼女自身に疾患の影響はほとんど見られなかったが、彼女が自分の卵に受け渡した1000〜2000個のミトコンドリアにおいて、変異を持つミトコンドリアの割合が、疾患の症状をもたらす臨界点に達していたのである。そのため、妊娠したとしても、流産するか、あるいは致死的な症状を持つ子どもが生まれる可能性が高かった。

2016年、この女性はとても複雑な体外受精の過程を経て、健康な男の子の赤ちゃんを生んだ。この過程に携わったチームは、まず健康なミトコンドリアを持つドナーが提供した卵から核を取り除いた。次に、ミトコンドリアDNAに変異を持つその女性の卵から採取した核をその卵に導入した。これによって、核DNAはひとりの女性に由来し、ミトコンドリアDNAは別のもうひとりの女性に由来する、ハイブリッドの卵がつくられたことになる（図7・2）。そのチームはこのハイブリッド卵をパートナーの精子を使って受精させた。この手法は多数の卵を使って行われ、受精卵は研究室で培養された。このうちひとつの受精卵だけ正常に発生し、この胚がその女性に移植された。

このケースで複雑だったのは、技術的なことでも医療的なことでもなかった。まず卵の操作と精子を使った体外受精は、ニューヨーク市にあるニューホープ不妊治療センターで行われた。これは完全に適法だが、その卵を女性に移植するのはアメリカの法律に違反することになる。そのため、移植はメキシコで実施された。メキシコの不妊治療センターは複雑な核移植を行うための専門的技術を持っていなかったが、これらの方法でつくられた胚を移植することを妨げる規則や法律もなかった。しか

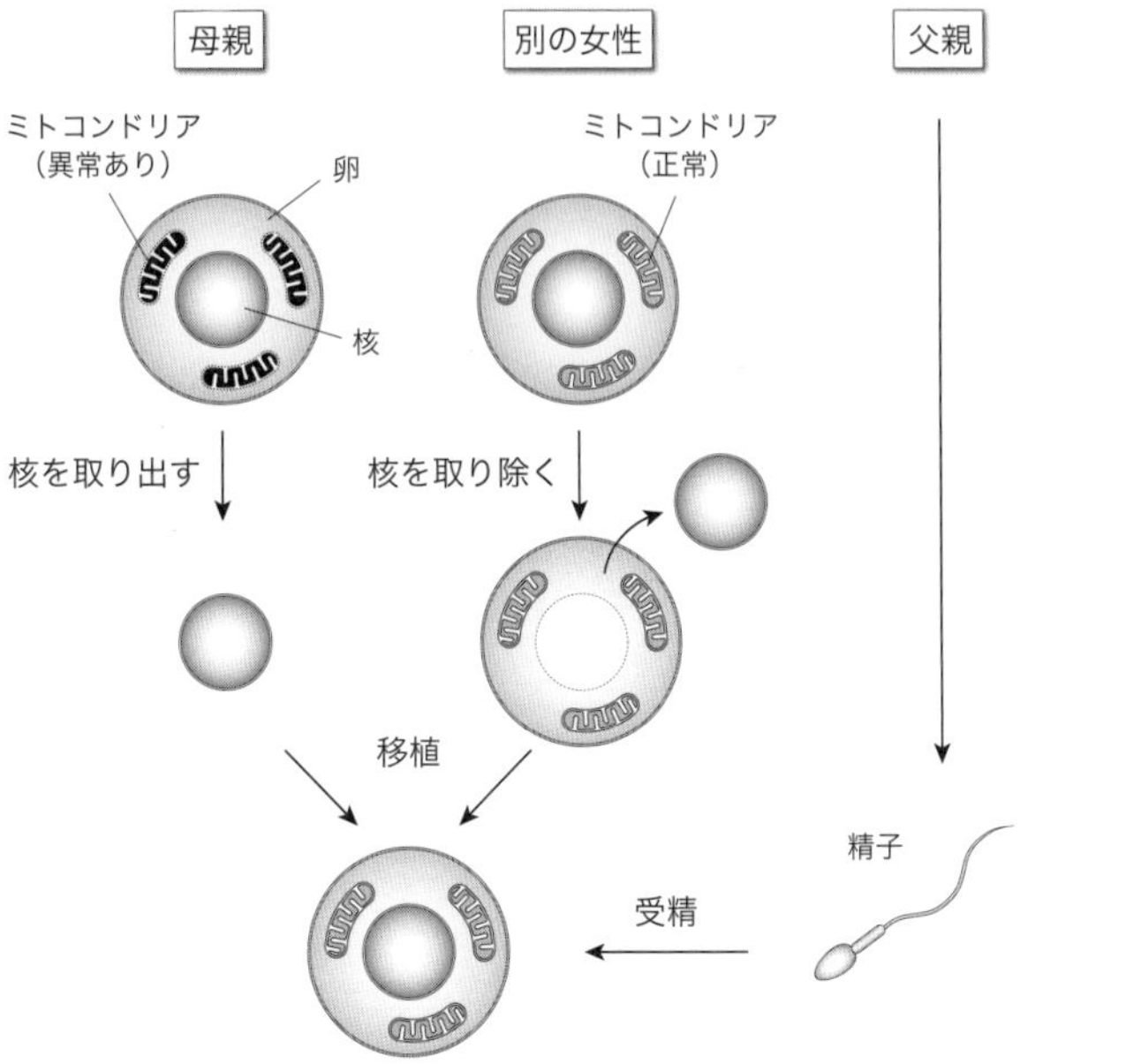

図7.2　3人の親を持つ胚の作製。まず異常なミトコンドリアを含む母親の卵から核を取り出す。正常なミトコンドリアを持つ別の女性から提供された卵の核を取り除き、母親の核をこの卵に移植する。この卵を父親の精子と受精させることで、母親の核ゲノム、父親の核ゲノム、第三者の女性のミトコンドリアゲノムを持つ胚がつくられた。

し、アメリカのセンターもメキシコのセンターも移植前に胚を十分に解析する専門的な知識や技術は持っていなかったため、この部分は（関連する機関の倫理的承認を得たうえで）イギリスで行われた【5】。

これは、まったくもって面倒なプロセスであり、理想的な状況からはほど遠い。いまでは、世界で初めてイギリスで規制が変更されたため、このような3人の親を持つ胚を作製する方法に近い操作が、最初から最後まで、適正な安全基準に従って行うことができるようになった*【6】。

＊（訳注）日本では、受精卵の核を他人のヒト除核卵に移植することは禁止されている。またイギリスで行われた、自分の未受精卵の核を、他人の除核未受精卵に移植し、精子と受精させることは、総合科学技術会議が２００４年にとりまとめた「ヒト胚の取扱いに関する基本的な考え方」では認めていなかったが、現在、基礎的な研究を容認することについて検討されている。

この3人の親を持つ胚に由来するすべての細胞は、2人の親に由来する核ゲノムと1人の親に由来するミトコンドリアゲノムからなるハイブリッドな状態のDNAを持つことになる。そのため、このミトコンドリアを交換する操作は、ヒトの生殖細胞を用いたDNA改変の先例となった。もしこの技術を使って生まれた赤ちゃんが全員男の子だったら、ミトコンドリアDNAは母系を通じてしか受け渡されないため、この複雑な混合ゲノムは次の世代に受け渡されることはないだろう。しかし、もし赤ちゃんが女の子だったら、意図的に改変されたヒトゲノムが次世代に伝達されることは防ぎようがない。その場合、この先例を盾にして、生殖細胞のゲノム編集を容認させようとする動きが高まることになるだろう。

◆何が原動力なのか？

そもそも、なぜ生殖細胞でゲノム編集する必要があるのか？　この問題に対するひとつの見方は、数の問題である。いま、そのようなゲノム編集が、私たちが単一遺伝子疾患と呼んでいる疾患のために用意されていると仮定してみよう。これは、たったひとつの遺伝子の変異だけで、深刻な疾患を引き起こすのに十分な状況である。個々の疾患はまれである。しかし、単一遺伝子の欠陥が原因で起きるヒトの疾患が少なくとも1万あることがわかっている。DNA配列の決定とデータ解析が安価になり利用しやすくなるにつれて、もっと多くの単一遺伝子疾患が見つかるのは間違いない。全体で見れば、世界の1％以上の人が単一遺伝子疾患の影響を受けていることになり、重要な健康上の問題となる。

現在、いったんある家系で遺伝的疾患が見出されたら、その疾患の原因となる変異を持たない子どもを確実に出産できるようにするさまざまな方法がある。最もよく知られた方法は出生前診断である。この場合、男女がセックスする昔ながらの方法で女性が妊娠する。妊娠のある段階で、胎児が病気の原因となる変異を受け継いでいるかどうか検査することができる。もし胎児が変異を持っていたら、妊娠している女性は中絶するかどうか選択することができる。

カトリック教、あるいはイスラム教のような信仰を持つ一部の女性は、宗教的な信条のために、中絶という選択はないかもしれない。しかし、ほとんどの女性とそのパートナーにとって、遺伝的疾患の家系であるとわかっていて出生前診断を受けることは、悲痛な思いを伴うに違いない*。

＊私がイギリスの大学の医学部にいたとき、現実の指導事例のひとつに、子どもがハンチントン病のリスクを持つ女性の例があった。彼女は最終的にリスクを持たない胎児を妊娠するまで10回も中絶した。その家族がどれほど苦しんだのか想像もつかない。

もうひとつの選択肢は体外受精の一形態であり、この場合、母親の子宮に着床させる前に疾患の変異を持っていない胚を選択するために、検査（着床前遺伝子診断）が行われる。

しかし、これらいずれの方法でも問題を解決できないまれな状況が起こりうる。私たちはほとんどの遺伝子を2コピーずつ持ち、ひとつを母親から、ひとつを父親から受け継いでいる。一部の疾患（顕性遺伝性疾患*として知られている）では、これら2コピーの一方に変異が入るだけでその人は疾患を発症する。ハンチントン病はこの一例である。とてもまれなケースだが、顕性遺伝性疾患の患者が両親から同時に変異の入った遺伝子を受け継ぐことがあるかもしれない。この場合、変異の入った遺伝子を2コピー持つことになり、その人の子どもは全員、変異の入った1コピーを受け継ぎ疾患を発症することになる。

＊（訳注）日本遺伝学会によって、これまで使われてきた「優性」は「顕性」に、「劣性」は「潜性」に変えるよう提言された。

このようにまれなケースではなく普通の状況でも、あなたが遺伝的な顕性疾患を持っていたら、あなたの子どもは2分の1の確率で変異の入った遺伝子を受け継ぎ同じ疾患を発症することになる。これは非常に高い確率であり、受胎が自然なものでも体外授精によるものでも同じである。体外受精をする場合、どんな女性でも受精に使用できる卵の数は限られており、すべての胚が変異を持っているような状況が容易に起こりうる（その女性が遺伝子変異を持っている、あるいはすべての卵が遺伝子変異を持つ精子と受精することによる）。ある程度の数の卵が得られたとしても、実験室での培養や移植に成功し、胚が出産まで無事に発生する確率は低い。これが、ゲノム編集によって変異を取り除くことを魅力的にしているひとつの理由であり、それによって期待できる正常な胚の数、そして妊娠の成功の機会が増えるからである。

潜性遺伝性疾患として知られる疾患では、その遺伝子の両方のコピーに変異が起きたときだけ症状が現れる。潜性の疾患を患った両親から生まれる子どもは、それぞれの親から変異の入った遺伝子を必ず受け継ぎ（両親はいずれも正常な遺伝子のコピーを持っていないため）、必然的に同じ疾患を発症する。同じ疾患をもつ2人が一緒になって、子どもを持つ決断をすることが実際にあるのだろうかと思うかもしれない。しかし、そのようなことが起きる状況が考えられるのだ。まず、そのような2人は、同じ症状を持つことで、結局のところ似たような人生経験を共有することになるだろう。この種の疾患は、宗教上の理由から異なる宗教の信者と結婚する割合が低い集団において最も高い頻度で現れることが多く、そのためお互い強い文化的理解があるだろうし、そのことでさらに相性がよくなるかもしれない。

遺伝的な疾患を受け渡す高いリスクを持つ人々が取り得る他の選択肢は（もちろん、親にならないという選択は別として）、変異を持たないドナーの卵、あるいは精子を選択する、あるいは利用することである。しかし、ここで注目すべき現象に直面する。一般的に、多くの人々は自身の子ども、つまり自分たちの遺伝物質を持っている子どもを望んでいるように見えるという事実がある。おそらく、脳の発生の過程で深く埋め込まれた、何か生物学的指令のようなものがあり、それがこの欲求をもたらしているのだろう。しかし、なぜこの欲求がそこまで強いのか、実際のところ私たちは知らないし、多くの場合、欲求を感じている本人もその理由を説明することはできない。

本人さえも、なぜそれが重要なのか、感情面、あるいは知性の面いずれからも説明できないとき、科学や医学がこのような欲求を叶える必要性は本当にあるのだろうか？　最近の倫理的な報告では、そのような必要性はあるとし、次のように結論づけている。「それでもなお、そのような欲求を尊重する正当な理由があるかもしれない。その理由は、そうした欲求が単に望ましいとするものではなく、私たちが先験的に尊重してきた人々の欲求である、というものかもしれない。」【7】

◆大人の同意、想像上の赤ちゃん

医療倫理において最も重要な概念のひとつがインフォームド・コンセントである。これについてはさまざまな定義があるが、かなり良い定義として次のようなものがある。「患者が、臨床試験を含む医療的、あるいは外科的介入の目的と恩恵と潜在的なリスクを学んで理解し、その後でその治療を受ける、あるいは臨床試験に参加することに同意する。」【8】

胚に対してゲノム編集を実施する場合、誰の同意が必要なのかを考えると、きわめて複雑なことがわかる。私たちはたいてい、妊娠を希望する女性から同意を得ればよいと考えるだろう。その女性は排卵を促進するためのホルモン治療を受け、彼女の卵が採取、編集され、ひとつあるいはそれ以上の胚が彼女の子宮に移植され、約9か月間妊娠した後出産することになる。このすべての過程を通じて、臨床的なリスクを負うのはその女性であり、彼女が同意する必要があるのは自然に思える。男性パートナーが関わる場合には、精子を使うことについてその男性が同意する必要があると予想するだろう。

しかし、ここで奇妙なことがある。実際に生殖細胞における編集は、母親、あるいは父親で起きていることではない。DNAを永久に、将来の世代も含めて変えられるのはその子どもであり、彼らにたっ同意を求めることも、彼らがそれを承認することもできない。その処置が行われるとき、彼らはたったひとつの細胞か、あるいは小さな細胞の塊でしかない。どうやって存在していない人からインフォームド・コンセントを得るのだろうか？　さらにもっと難しいこととして、どうやって存在するかどうかわからない人から同意を得るのだろうか？　胚は実験室できちんと発生しないかもしれないし、発生しても母親に移植されないかもしれない。また、妊娠したとしても出産まで至らないかもしれない。どのように、可能性はあるがいま現在存在していない人の権利と、子どもの親になることを希望する生きた人間の権利のバランスを取ればよいのか？　子どもはその両親の子であるが、その子どもに取り返しのつかないことが起こる可能性だってあるのだ。

◆誰の利益になるのか？

これは、新しい医療技術によってもたらされる、倫理的で科学的な難題を解決しようとする際にしばしば用いられるアプローチである。生殖細胞のゲノム編集によって潜在的につくられるジレンマやパラドックスを解決するために、この思考プロセスが適用できるだろうか？

ゲノム編集が誰の利益になるかを考えるうえで、多くの人はまず、障害を持つ人を障害の苦しみから解放するのは良いことだと言うかもしれない。ここから一見して明白な結論は、深刻な疾患に対して行う生殖細胞のゲノム編集は間違いなく良いことだ、ということになる。しかし、これに対する反対意見が障害者自身から出された。彼らは、この結論は、障害を持つ人々が障害を持たない人々よりも劣っているとみなされていることを意味するものだと主張したのである。

これは、仮想の人々を想定して考えたために、状況がさらに複雑になってしまったケースである。

障害を持つ人を中傷するつもりはなく、その症状がなければ生活の質が向上した可能性があると言っているだけだ、とつい言いたくなる。しかし、そのような人が存在しないため、実際のところはわからない。現実には存在しないパラレルワールドの仮想の人に対して、権利と恩恵を天秤にかけようとしている危険性がある。

世界保健機関は、単純に予防接種を促進するキャンペーンによってポリオの感染率が大幅に減少したことで、感染によって歩けなくなったはずの世界の1600万人以上の人が歩けるようになったと推定している。しかし、四肢の麻痺を発症する人の数を減らすのは間違いだから、ポリオの予防接種の規模を縮小すべきだと言う人はまずいないだろう。おそらくこれは、ある障害がどのように、またなぜ起きたかによって違った観点から見ていることを意味している。しかし、障害の原因がなぜ問題なのだろうか？　遺伝的に決まる障害は自然なものであり、感染の結果起きる障害はそうではないということを意味しているのだろうか？　もしワクチンによって障害を減らすのが適切だとしたら、ゲノム編集を使って同じ効果を得るのがなぜ適切ではないのだろうか？　これは、私たち自身のゲノムを何かきわめて個人的なものとみなし、私たちのゲノムの所有欲が表面化した別の状況なのだろうか？

恩恵、特に社会的恩恵の問題は医療経済学の大きな焦点である。医療介入が、主として公的資金による国の医療制度で管理されている社会では、その方程式はきわめて単純に見える。障害をもつ人を支えるための生涯コストが、胚にゲノム編集をして、これから親になろうとする人たちに必要な体外受精を支援するコストよりも高いことがわかったら、国の医療システムでゲノム編集を支援する明白な財政的責務が生じることになる。この経済学は企業にとってはさらに難しい傾向があるが、同じような理論が保険を運用している民間の医療制度にも適用されるかもしれない。しかし、多様な人々の存在を支えるコストについて、その金銭的評価に基づく曲がった倫理的決定にはある程度の不快感も当然存在する。ゲノム編集の倫理についてのひとつの報告では、「金銭的評価によって判断するこの手法は優生学運動*の範例のように見える」と指摘している【9】。

＊優生学とは、人間の選択的な生殖により、優れた形質の蓄積と、否定的な形質の淘汰を促進させる学問と、それを広めた運動を指す。19世紀中頃にイギリスで生まれ、その後数回再興した。最も悪名高いのはドイツのナチによる政策である。

イギリスで実施されている公共システムでは、個人の遺伝的な状況によって医療を受ける権利が影響を受けることはない。これは、アメリカにおける保険主導型の社会では大きく異なる。生殖細胞のゲノム編集は、編集された人、またその人のすべての子孫を、重い経済的負担から解放するかもしれない。これに関する懸念は、経済的優位性と社会的不平等をさらに定着させるかもしれないという点である。裕福な家族だけが、自分たちの子孫のために生殖細胞のゲノム編集を利用することができるようになる可能性が高い。また、このように編集された人が大人になると、健康、職を得る機会、健康保険に入れるかという点において、両親がゲノム編集をする金銭的余裕がなかった人に比べて、とても有利な立場に立つ可能性も十分考えられる。

◆誰が障害を定義するのか？

人々が障害について話すとき、まるで唯一の定義があり、障害の程度や障害を持つ人を見る明確な基準があるかのように語られる傾向がある。イギリスの2010年平等法では、「通常の日常活動をする能力に、実質的、長期的に負の効果をもたらすような、身体的、あるいは精神的な障害を持つ場合、あなたは障害者である」と言明している【10】。この定義の明らかな限界は、これが技術の影響を考慮していない点である。たとえば、あなたは眼鏡をかけているだろうか？　もしそうだとしたら、あなたは眼鏡なしで車の運転をし、安全に道路を横断し、毎日パソコンを使うことができるだろうか？　技術的な支援によってあなたは日常生活を送ることができるし、眼鏡をファッションとして語ったりもしていることから、あなたは自分が障害者だとは思っていないだろう。

しかし、もしあなたがコンゴ共和国とか、ミシシッピ州の田舎でひどく貧しく暮らしているとしたら、眼鏡を手に入れるのはかなり困難なため、視力が悪いことはあなたの人生の機会を著しく損なうだろう。

このような考察をすることで、障害について、堅苦しい医療の枠組みから離れて社会的な枠組みで考えることができるようになる。この枠組みでは、個人はその人の障害そのものではなく、その人が暮らす社会の環境によって、不利になったりならなかったりする。実際にとてもわかりやすい例がある。ロンドンの地下鉄では、バリアフリー対応の駅は4分の1以下しかない。一方、ストックホルムの地下鉄ではすべての駅がバリアフリー対応になっている。ストックホルムの地下鉄で旅行すれば、車イスの利用者をかなり頻繁に目にするが、ロンドンの地下鉄で車イスの利用者を目にすることはめったにない。輸送機関へのアクセスとそれによって開かれる機会は、障害ではなく都市のインフラによって左右される。

もし一部の障害を医学的な問題ではなく社会的な問題として見ることができたとすると、生殖細胞をゲノム編集することにはどんな意味があるだろうか？　重度の先天性の聴覚障害の約75％は単一の遺伝子変異が原因で起きる【11】。この疾患の多くは両親が症状を持たないキャリアであり、家族内で突然起こる。しかしその家系で、長い時間をかけてますます多くの聴覚障害者が親となり、彼らや彼らの子どもが同じような社会の一員となり、聴覚障害があっても生活に支障がないことに気づくことで、あるコミュニティの多くのメンバーが生まれながらの聴覚障害者で占められるというような状況がある。

この状況は、さまざまな障害の中でも聴覚障害の世界でよく見られ、部分的には手話という、とても強力な表現手段がそれを支えている。話し言葉のように、手話は異なる集団で独立に発達してきた。手話を言語として見た場合の数ははっきりしていないが、おそらく数百に及ぶだろう【12】。それゆえ手話言語は豊かで変化に富み、個別の文化集団の象徴や特徴の役割を果たしている。

ゲノム編集を使って原因となる変異を修正し、先天的な聴覚障害を防ぐことは、まったくもって実現可能である。しかし、聴覚障害が手話と密接に関係があり、言語が文化的な象徴だとしたら、ゲノム編集を使って聴覚障害を除くのは、医学的な問題を解決するというよりはむしろ、文化的な集団を否定することになってしまうのだろうか？

ゲノム編集を逆の方向で使う場合の倫理についても考えてみよう。2002年、アメリカの女性同性愛者のカップルが子どもを持つ決断をした。シャロン・デュシュノー（Sharon Duchesneau）とキャンディー・マカルー（Candy McCullough）は、友人の男性に精子の提供者になるようお願いし、彼はそれに同意した。しかし、彼女たちの息子の誕生は激しい倫理的論争を巻き起こした。ただし、今回の論争は同性のカップルの生殖権についてのものではなかった。

デュシュノーとマカルーは2人とも聴覚障害者だった。また、精子の提供者となった友人は聴覚障害を持つ男性であり、彼の家系では5代にわたって聴覚障害の症状が現れていた。あえてこの聴覚障害を持つ友人を精子提供者として選ぶことで、彼女たちは子どもが自分たちと同じ症状をもつ可能性を高めたのである。もちろん保証はなかったが、聴覚障害を持たない健常者の精子を使うよりも、はるかに可能性は高かったはずである。そして、彼女たちの息子は実際に聴覚障害を持って生まれた。

母親たちは自分たちの決断を正当化した。彼女たちは、ワシントン・ポストのインタビューで、自分たちは聴覚障害の子どもの良い母親になれると主張したのである。彼女たちは、その子の成長を誰よりも理解し、うまく育てられると信じていたし、自分たちの選択はトランスジェンダーがいずれかの性を選ぶことと何ら変わらないとも話していた。彼女たちは、自分たちが聴覚障害を障害ではなく文化的独自性と考える時代に生きているとも言っていた【13】。

またたく間に賛否両論が巻き起こった。聴覚障害を持つコメンテーターからは支持と非難が起こり、それは健常者からも同じだった。これはデザイナー・ベビーへ向かう危険な坂道なのか、あるいは親が子どもとの意思疎通を容易にする現実的な決断だったのか？　子どもの耳が聞こえたかもしれない可能性を否定する決断だったのか、文化的共同体の一員となるために歓迎すべき決断なのか？　力の乱用なのか？　存在していない、正常に耳が聞こえる仮想上の子どもについての議論はないのか？

もちろん、この女性たちは自分たちが望むどんな子どもでも自由に産むことができたし、いずれにせよ医学的な介入はなかったので、倫理委員会、あるいは規制当局が対処すべきケースではなかった（倫理委員会や規制当局の関係者は、そのことでかなりホッとしたかもしれない）。しかし、ゲノム編集を使って聴覚障害の原因となる変異を修正することが可能なように、その変異を持たない胚に変異を導入することも容易だろう。ここで、先ほどの重要な問いに戻ることになる。そもそも、誰にその権利があるのか？　それは生まれてくる子どもなのか、存在しない仮想上の子どもなのか、それとも両親なのか？

ゲノム編集による介入という世界で、この特別な問題にすぐに対処する必要はないかもしれない。しかし、ほぼ間違いなく、いつか対処しなくてはならない日が来るに違いない。

第8章

地球上の生物をまだ人に支配させますか？[1]

HACKING
THE CODE
OF LIFE

地球上で人間を最も多く死に至らしめた動物は何？　これはクイズ番組や居酒屋の談話などでよく聞かれる質問である。多くの場合、サメ、ライオン、ヘビなどが上位に挙げられる。最後のヘビはなかなか見事な推理で、毎年数十万人の人がヘビにかまれて亡くなっている【2】。一方サメとライオンは、毎年わずかに数十人を死に至らしめているだけである。

しかし、圧倒的に多くの人を死なせているのは蚊である。毎年約75万人の人が、この小さな昆虫のために亡くなっている【3】。もちろん、ヘビやライオンやサメと違って、蚊に襲われて死ぬわけではない。ブーンという羽音を立てて近づいてくるのは閉口するが、蚊に襲われて手足を失った人はいない。蚊が致命的な理由は、彼らが疾患を運んでくるからである。

蚊自身はその疾患には関心がない。蚊は単に自分自身のライフサイクルを実行しているだけで、疾患の方が蚊のライフサイクルに便乗しているのだ。疾患を蔓延させるのはメスの蚊だけである。メスの蚊の体内で卵がつくられるとき、ある種の栄養が必要になる。こうした栄養の一番の源は血液であり、悲しいことに私たち人間は、特にやっかいな数種の蚊にとってお気に入りの血液の源となっている。

メスの蚊が、ある疾患の原因となる微生物に感染した人から血液を吸うと、自身の体にその微生物を取り込む。その微生物はメスの蚊の体内で増えて成長し、唾液腺の中に居心地のよい環境を見つける。メスの蚊が別の人の血を吸うとき、蚊の唾液を通じてその微生物が受け渡される。

この疾患が原因で発生する医療費は莫大である。蚊は5種類の微生物を伝播し、それらがさまざまな形のマラリアを引き起こす。２０１６年、２億１６００万人がマラリアを発症し44万５０００人が亡くなった。これらの死の90％はサハラ以南のアフリカで起きた【4】。蚊を郵便配達人のように利用しているのはマラリアを引き起こす微生物だけではない。同じことがデング熱でも起きている。世界中で1億人がデング熱に感染し、そのうち10万人は血漿漏出や出血症状を特徴とする出血型に発展する。この重症化した場合の致死率は5％であり、数千人が亡くなっている。黄熱病やジカウイルスも蚊を媒介して伝播されるが、ジカウイルスは性行為によっても伝播される【5】。

最近新しく出てきたジカウイルスによる健康被害に対応するため、ワクチンの臨床試験がすでに始まっている。皆この臨床試験がうまくいくことを望んでいる一方、マラリアに対するワクチンの実現については、まだその道のりは険しいと予想している。何十年に及ぶ研究にもかかわらず、マラリアを予防するためのワクチンを開発するのは信じられないほど困難であることが明らかにされている。この疾患の原因となる単細胞生物は、非常に複雑なライフサイクルを持ち、それがワクチン開発の障壁となっている。この結果として、これまでマラリアの蔓延を抑えようとする取り組みのほとんどは、予防に重点を置いてきた。こうした予防策には、蚊が最も活発になる夜の間、殺虫剤を染み込ませた蚊帳でベッドを覆って、寝ている人を蚊から守るような比較的単純な手段が含まれる。

蚊は水たまりに卵を産むため、温暖で湿度の高い環境を好む。蚊が媒介する疾患の蔓延を防ぐための地域的な取り組みとして、蚊の繁殖地、たとえば雨水のたまったゴミ箱のフタを撤去するようなことがよく行われる。

しかし、マラリアの感染率はなかなか減少せず、こうした予防戦略の効果は頭打ちになっているように見える。理由はいろいろ考えられるが、大きな理由は、世界の貧しい地域で長期的かつ効果的な健康指導の活動を行うのが難しいことである。大がかりな紛争や内戦のために、そういった活動を継続的に進めていくのが難しいのだ。地球規模の気候変動によって、蚊と、蚊が媒介する病原性微生物の活動エリアが広がることはほぼ間違いない。新しい、しかも緊急の対策が必要になっている。

◆とてもフレンドリーな蚊

「Friendly Mosquito（フレンドリーな蚊）」というと、有名な絵本である『*The Very Hungry Caterpillar*（邦題：はらぺこあおむし）』の続編のように聞こえるかもしれないが、これはオキシテック社と呼ばれる企業が登録した実際の商標である。これは、デング熱、ジカウイルス感染症、黄熱病を引き起こす病原体を伝播する、特定の蚊を遺伝子組換えしたものの名前である【6】。

2002年、オキシテック社は最初のフレンドリーな蚊をつくった。その蚊は自殺遺伝子を持つように遺伝子組換えされたのである。この自殺遺伝子が活性化すると、蚊の細胞の働きを妨害し、その結果死に至る。その企業が自分たちの遺伝子改変した蚊に、「自爆する蚊」というようなふざけた名前をつけなかったのは、なかなか賢明な判断だったように思える。遺伝子組換え作物を売る企業が絶対にしてはいけないことは、その作物におそろしい名前をつけることである。

オキシテック社は現在この遺伝子組換えした蚊を研究室内で飼育することで、数百万匹の蚊を生み出している。これらの遺伝子組換えした蚊は、関連する疾患が大流行したことがある多くの地域において野生に戻された。たとえば、800万匹の蚊がケイマン諸島の特定の地域に放たれた。

野に放たれた膨大な数の蚊はすべてオスである。自由に飛べるようになったら、遺伝子組換えした蚊は普通のオスの蚊と同じように、交尾のためにメスを探す。そしてもし交尾に成功したら、子どもの蚊はみな自殺遺伝子を持つことになる。この遺伝子が発現すると体内に致死的な毒素が蓄積して、子どもの蚊は幼虫かさなぎの段階で死んでしまい、成虫になることはない。ケイマン諸島でのテストの結果はとても期待の持てるものだった。繰り返して野生に戻した後、1シーズンを通じて検出される卵の数が88％減少し、ウイルスを運んでいる蚊の数が62％減少した。

このように遺伝子組換えした小さな昆虫は、多くの理由でとても見事な技術的解決手段といえる。自殺遺伝子に加えて、その蚊はある特別な蛍光タンパク質をコードする遺伝子も受け渡す。野外の研究者たちは、蛍光の有無によって組み換えた遺伝物質を受け継いだ個体を特定することができる。自殺遺伝子自体、正のフィードバックループの一部となるように改変されてゲノムに組み込まれている。いったん自殺遺伝子のスイッチがオンになると、その遺伝子自身の発現を上昇させる。これは、毒素が急速に致死的レベルに達することを意味している（図8・1）。

この技術の最も美しいところは、きわめて根本的な問題を解決している点である。自殺遺伝子が致死的であるならば、なぜそのオスは成虫になって野に放たれた後、子を持ちたいと夢見るメスと交尾する前に死なないのか？　それは、オキシテック社が、実験室内で飼育する蚊の餌を絶妙にコントロールしているからである。蚊の餌の中にテトラサイクリンと呼ばれる抗生物質を添加してあり、これが

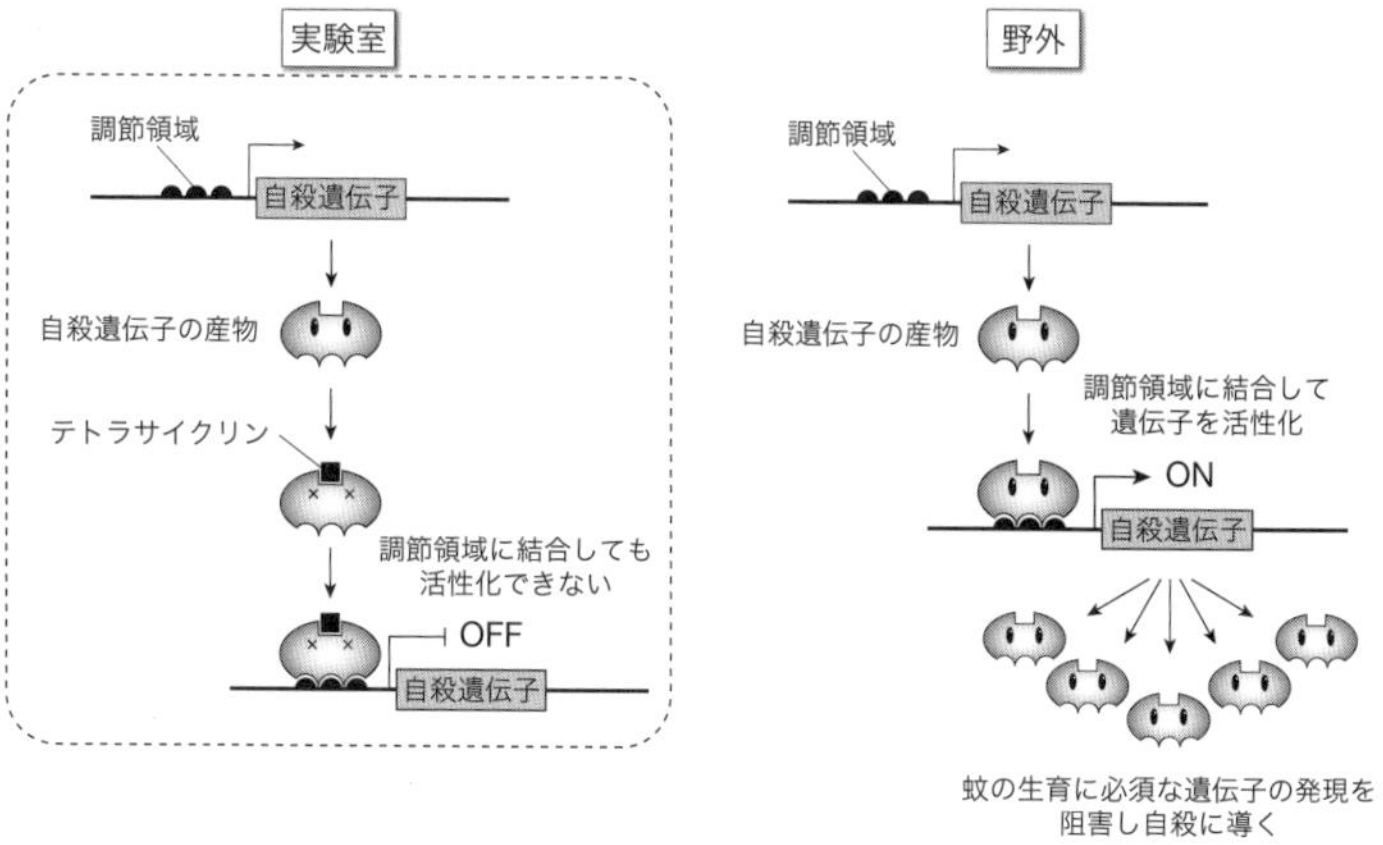

図8.1　フレンドリーな蚊。デング熱、ジカ熱などのウイルス性の感染症を媒介するオスの蚊（ネッタイシマカ）に遺伝子操作によって自殺遺伝子を組み込んである。この自殺遺伝子の産物は、自身の遺伝子調節領域に結合して転写を活性化する正のフィードバックループを形成するように設計されている。実験室内では餌に抗生物質であるテトラサイクリンが含まれており、このテトラサイクリンに結合した自殺遺伝子の産物は自殺遺伝子を活性化できない。いったんこの蚊が野外に放たれると、テトラサイクリンの効果がなくなり、フィードバックループのスイッチが入り、自殺遺伝子の産物が蓄積する。この産物が他の遺伝子の発現を阻害し、その蚊は自殺することになる。

自殺遺伝子の産物に結合すると、フィードバックループのスイッチがオフになる（**図8・1**）。テトラサイクリンは自然界に存在しないため、野に放たれた後で初めてオスの中で自殺遺伝子のフィードバックループのスイッチがオンになる。スイッチがオンになっても、自殺遺伝子が働くまではしばらくかかり、オスがメスを見つけて交尾するまでは抑制が継続するようになっている。子どもは自殺遺伝子を受け継ぐが、食べ物の中にテトラサイクリンがないためそのスイッチをオフにできない。そのため、子どもの蚊は受け継いだ致死的な遺伝子のために死ぬことになる。

この技術については賞賛すべきところがたくさんある。化学殺虫剤は、不幸にも標的としていない昆虫も一緒に殺してしまうことがよくあるが、この新しい技術によって化学殺虫剤の利用を減らせる可能性がある。化学物質を使った蚊の撲滅キャンペーンを推進したとしても、メスの蚊が産卵場所として好む水のたまった場所をすべて見つけ出すのは難しいだろう。しかし、メスを探すということに関していえば、遺伝子組換えしたオスの蚊にとっては問題ではない。1億年の進化によって、オスがメスを探す能力は達人の域に達している。オキシテック社の技術はたった1種類の蚊だけを標的にしているので、疾患を媒介しない他の種類の蚊に影響を与えることはない。ケイマン諸島で標的にされた蚊は、もともとそこにいた蚊ではなかった。人間の活動によって偶然持ち込まれた蚊である。この技術は拡散の恐れがない制限されたものであり、放たれたオスとその子どもが死んだら、自殺遺伝子は集団から消える。つまり、生態系へのダメージが最小限に抑えられることになる。

◆絶滅を促進する

最新のゲノム編集技術の発展に伴って、蚊などの有害な昆虫をもっと洗練された様式で制御できるようになる。このような技術は、フレンドリーな蚊をつくる際にオキシテック社が使った技術よりも、もっと短期間で開発し実際に利用することも可能である。

インペリアル・カレッジ・ロンドンで実施された研究は、ゲノム編集を使った新しい技術に関する魅力的なモデルをつくった【7】。その研究グループは、サハラ以南でよく見られ、マラリアの主要な運び手になっている蚊のひとつの種を使って研究を行った。彼らはゲノム編集を使って自然界でほとんど見られないとても奇妙なものをつくった。本質的に、彼らは遺伝学の基本原理のひとつを覆したのだ。

私たちヒトと同じように、蚊はほとんどの遺伝子を2コピー持っていて、ひとつを母親から、ひとつを父親から受け継いでいる。オスの蚊が精子をつくるとき、それぞれの遺伝子の1コピーだけが個々の精子に入る。メスが卵をつくる際にも同じようなことが起きる。卵と精子が融合して新しい個体としての生が始まるとき、個々の遺伝子について2個セットの状態が回復される。

いまここで仮にオスの蚊について考えて、適当に「ランダム」と名づけたひとつの遺伝子を選ぶことにしよう。2種類のランダム遺伝子を色で区別するとして、たとえば赤色と黄色のランダム遺伝子があり、想像上のやっかいな蚊がそれぞれの色の遺伝子をひとつずつ持っていると仮定する。このオスの蚊が精子をつくるとき、半分は赤色のランダム遺伝子を、半分は黄色のランダム遺伝子を持つことになる（図8・2左）。さらにそのオスの子どもの半分は赤色のランダム遺伝子を受け継ぎ、半分は黄色のランダム遺伝子を受け継ぐと期待される。単に平均の法則に従った結果である。

いまここで赤色のランダム遺伝子が、ランダム遺伝子の中でもきわめてまれな型だとしよう。たとえば、10匹の蚊のうち1匹だけがこの赤い遺伝子を1コピー持っているとする。10匹の蚊がそれぞれ1000匹の子どもをつくった場合、次の世代の1000匹のうち50匹だけが赤色のランダム遺伝子を持つことになる。赤色のランダム遺伝子は、黄色の遺伝子に圧倒され続けるため、赤色の遺伝子はその後の世代で決して高い割合に達することはないだろう。再び、平均の法則に従った結果である。

しかし、もし遺伝子というサイコロの出目に影響を与えることができるならば、各世代で赤色のランダム遺伝子を優先的に選んで、高い割合になるまで集団に広めることができるだろうか？ 普通で

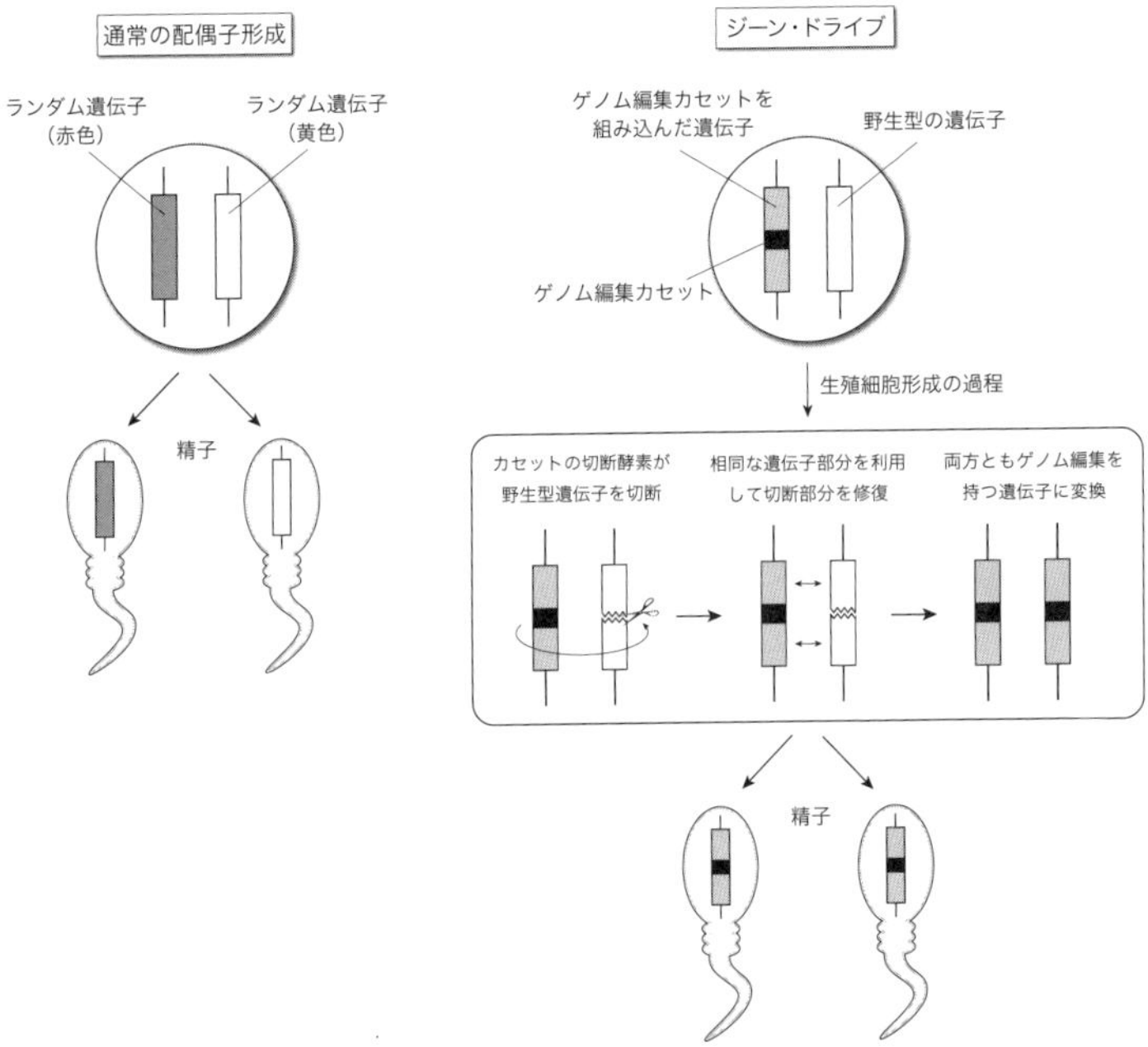

図8.2　ジーン・ドライブの模式図。通常の遺伝子は2コピー存在し、卵や精子などの配偶子を形成する際には、50%の確率でそれぞれのコピーが受け渡される（左）。ジーン・ドライブは、ゲノム編集のカセットが組み込まれた遺伝子コピーと野生型の遺伝子コピーを持つ個体で引き起こされる（右）。この個体が生殖細胞を形成する過程でこのカセットが活性化され、このカセットにコードされた切断酵素（クリスパー・キャス9）が野生型の遺伝子を切断する。この切断を修復する際に、ゲノム編集のカセットが組み込まれた遺伝子コピーが利用され、2コピーともゲノム編集のカセットを持つ遺伝子コピーに変換される。その結果、この遺伝子コピーが優先的に配偶子に受け渡される。

あればこのようなことは、赤色のランダム遺伝子が黄色の遺伝子と比べて、その遺伝子を持つ蚊に生存するうえで強い優位性を付与する場合にのみ起きる。これこそが、まさにインペリアル・カレッジの研究チームが実現したことである。彼らは、ある重要な遺伝子のひとつの型を、別の型よりも優先的に伝達させる方法を開発したのだ。これは、ある型の遺伝子が蚊の集団に広がる速度を、平均の法則から予想されるレベルをはるかに超えて速められることを意味している。この現象はジーン・ドライブ（gene drive）として知られている（**図8・2右**）。

科学者たちはゲノム編集を使ってこれを実現させた。彼らは、とても巧みな方法を使ってある重要な遺伝子の1つのコピーを変えた蚊をつくり出した。蚊のゲノム中の特別な場所として選択した遺伝子の1コピーに、ゲノム編集に必要な遺伝子セット（カセット）全体を導入したのである。その蚊が繁殖すると、50％の子どもにそのゲノム編集カセットを受け渡す。

そのゲノム編集カセットは、その子どもの発生のある段階で活性化されるように設計されている。いったん活性化されると、ゲノム編集に関わる分子が活動を開始し、別の親から受け継いだ型の遺伝子を切断し、自分と同じ型の遺伝子に変換する（**図8・2右**）。先の喩えでいえば、これは、赤色のランダム遺伝子が黄色のランダム遺伝子を赤色に変換させるようなものである。その結果生まれたオスの蚊は、受精卵のときには赤色と黄色の型の遺伝子をひとつずつ持っていたとしても、発生するにつれてそのオスの蚊がつくるすべての精子が赤色の型に変換されることになる。

いったんこれが起きると、蚊の集団は、その重要な遺伝子の編集された型を、本来の遺伝の原理から予想されるよりも高い割合で持つことになる。こうしてジーン・ドライブは動き出した。

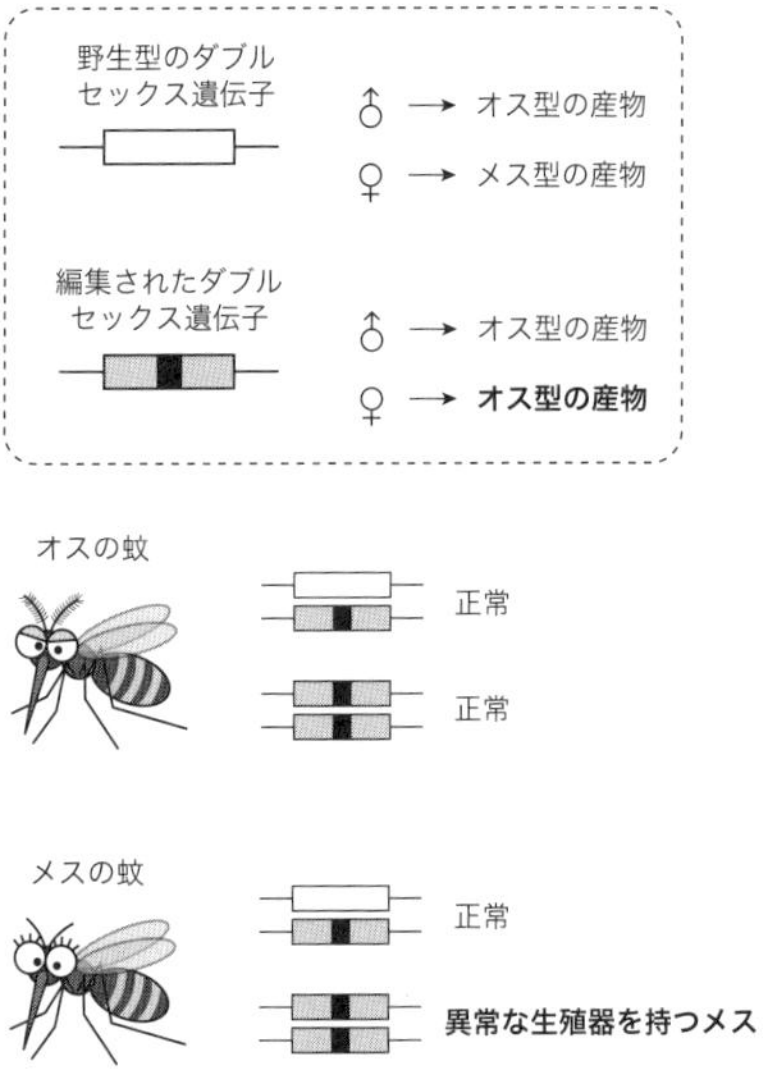

図8.3 実際に行われたジーン・ドライブ実験の模式図。標的とされたダブルセックス遺伝子は、性分化に関わる産物をコードしており、選択的スプライシングと呼ばれる過程によって、オスではオス型の産物が、メスではメス型の産物がつくられる。ゲノム編集されたダブルセックス遺伝子では、このスプライシングを制御する領域を改変し、メスでもオス型の産物がつくられる。編集されたダブルセックス遺伝子を2コピー持つメスでは、正常なメス型の産物をつくることができず、異常な生殖器をもつメスとなり、子孫を残せなくなる（文献7を参照）。

さらにもうひとつ秘策があった。彼らが変えた遺伝子は実に奇妙な名前の遺伝子で、ダブルセックス（*doublesex*）と呼ばれている。このダブルセックスについて、正常なコピーと編集された型をひとつずつ持つ蚊は正常に発生する。しかし、いったん蚊が編集された型を2つ持つと奇妙なことが起きる。50%の個体は完全に健康で生殖能力のあるオスに成長する。しかし、別の50%は、オスとメスの生殖器が混合したような異常な生殖器を持つ、おかしなメスに成長する。そのようなメスは生殖能力を持たず、卵をつくれない（**図8・3**）。このメスの蚊は卵をつくらないため、血液を摂取する必要がなくなる。これは、人間に疾患を運んでくる危険な運び屋としての脅威が、たちまち失われることを意味している。

それゆえ、この型のゲノム編集には、蚊の集団を制御するうえで複合的な利点がある。メスは血液を摂取せず生殖能力を持たない。また、メスの生殖能力を失わせるように編集した遺伝子は、通常よりもはるかに速く集団に拡散する。

300匹の正常なオス、150匹の正常なメス、ダブルセックス遺伝子について正常なコピーと編集されたコピーをひとつずつ持つ150匹のオスからなる厳密な蚊の集団が実験的につくられた。編集されたダブルセックス遺伝子の拡散と、その結果として生殖能力に及ぼす影響を数学的に計算したところ、その集団が9世代から13世代の間に崩壊することが予想された。この実験が独立に何回も繰り返して行われ、実際の結果は常にこの数学的予測の範囲内だった。

これらの結果は、必ずしもそのような劇的な影響が自然界で見られることを保証するものではない。編集されたダブルセックス遺伝子を1コピー持つ蚊に、想定外の弱点があって、野生という荒々しく混沌とした複雑な競争的環境に出されて、初めてその弱点が明らかになるかもしれない。大規模な野外試験が待ち受けているが、この方法が他の害虫にも応用される可能性が非常に高い。

◆「できる」は「すべき」という意味なのか?

ジーン・ドライブを使って蚊の種を絶滅させるのは、生態系レベルにおける科学的介入の一例である。ただし、望ましくない種をコントロールしようとして生態系に介入すると、予期せぬ結果につながる懸念がある。次の例ではそれが浮き彫りになった。

1940年代から1970年代にかけて、世界の広い範囲で使用された殺虫剤であるDDTは、環境に大きなダメージを与えた。DDTの作用は見境がなく、多くの昆虫を大量に殺し、食物網を悲惨なほどにゆがめ、鳥の集団、特に、鳥類の食物連鎖の頂点に位置する猛禽類の集団を崩壊させた。

もっと最近では、ネオニコチノイド系の農薬が、ミツバチのような受粉昆虫の数が激減したことに関係があるとされている。欧州食品安全機関は、現在このような化合物の使用を厳格に規制している【8】。

環境に導入（意図的、非意図的を問わず人為的に生物を自然分布域外に移動させること）したときに問題を引き起こすのは化学物質だけではない。1935年、サトウキビの害虫であるサイカブトを制御するために、3000匹のオオヒキガエルがオーストラリアに放たれた。このカエルは南アメリカ原産だが、新しい環境にとてもよく適していることがわかった。オオヒキガエルは、どんな捕食者に対しても有効な毒を持ち、さらにオーストラリアには大好物とする昆虫や小動物がたくさんいる。皮肉なことに、肝心のサイカブトはオオヒキガエルの好物ではなかった。現在オーストラリアには数百万匹のオオヒキガエルが生息し、繊細な固有の生態系を脅かしている【9】。

もちろん、成功もあった。特に侵入生物種をコントロールできた例がある。人為的に持ち込まれて広がったオーストラリアのウチワサボテンは、それを好んで餌とするガを導入することで、拡大を抑えることができた【10】。また、20世紀中頃、20万ヘクタールに近いアメリカの農地が、アメリカ大陸で自然に発生したことがなかった植物であるセイヨウオトギリソウによって覆いつくされた。この植物は現在ほとんど姿を消しており、これはオーストラリアから導入された甲虫のおかげである【11】。

問題は、生態系規模の影響や結果についての全体像は、私たちが介入をした後で初めてわかることが多いということである。もし蚊を絶滅させるためにゲノム編集が使われたら、どんな結果がもたらされるだろうか？　トンボやコウモリのような、蚊の主要な捕食者が大幅に減るだろうか？　それとも、別の種の蚊、あるいは蚊以外の昆虫が、新たに空いたテリトリーに生息範囲を拡大し、他の異なる疾患の運び屋を引き連れてくるだろうか？　コウモリのある種は植物の花粉を運ぶ重要な受粉媒介者であり（もしテキーラが好きなら、リュウゼツランの受粉をするコウモリに感謝すべきだろう）、コウモリの集団の破壊は、主要な農作物へ予期せぬ連鎖的影響をもたらすかもしれない【12】。

もちろんこの予測は、あなたがどこに住んでいて、どの疾患の危険にさらされているかによって変わる可能性が高い。もしあなたが熱帯地方に住んでいて、マラリアで家族を亡くした場合、別の蚊の種やコウモリの集団への影響は容認されるかもしれない。逆にあなたが温暖な地域に住んでいて、マラリアの脅威がそれほど大きくない場合、生態系の影響は問題視される可能性が高い。

ゲノム編集で可能になったジーン・ドライブの魅力は、たった1回の導入で急速にそれを集団内に広げられる点である。これは、特定の資金提供者がこの分野に大金を投資している理由である。ビル&リンダ・ゲイツ財団はこの技術に7500万ドル（約75億円）を投じ、アメリカ国防高等研究計画局は1億ドル（約100億円）をつぎ込んだ。しかし、おそらく私たちが最も心配すべきは、ジーン・ドライブの普及のスピードと浸透力にある。いったんゲノム編集された蚊が野外に出たら、実験室に戻すのはまず不可能だからだ。

◆毛皮の友（あるいは敵）を追い払う

私たち人間は、意図せず生態系に大きなダメージをもたらす傾向がある。おそらく、身の回りのすべてのものをハッキングする私たちの傾向は、次の曲がり角の先、川の次のカーブの先、地平線の向こう側を見たいというような、私たちの生まれ持った好奇心と同じくらい強い。人類の歴史は旅と探検の歴史であったが、純粋に人間だけで旅したことはほとんどない。特にネズミなどの齧歯類は、航海する船に紛れ込んで一緒に旅していたため、おそろしい速さで世界中に広まった。

地理的に隔離された地域は、特に外来生物の被害に遭いやすい。このような地域、特に離島の動物は、これらの侵略者に対して、行動面あるいは他の面において、ほとんど防御手段を進化させてこなかった。私たちは導入された動物によって島の集団が大打撃を受ける様子を繰り返し見てきた。スコットランドのシアント諸島の海鳥はラットによる深刻な捕食被害を受けた。これは現在、チョコレートパウダーとピーナッツバターという、思わず微笑んでしまうようなローテクの方法で、ラットをわなにおびき寄せることで制御されている【13】。サウスジョージア島では、ラットとマウスが島の鳥たちに大打撃を与え、その中には世界中でその島にしか生息していない2種の鳥も含まれていた。しかし、4年間にわたって毒入りの餌を広範囲に空中から投下することで、その島からラットとマウスが一掃された【14】。

これらの成功は喜ばしいが、毒やわな以外の別の方法が必要になる状況がある。残念なことに、そうした伝統的な方法は、地理的に隔離された地域で、毒入りの餌で影響を受ける可能性のある在来種がいない場所でしか使えない。私たちは、そのような特殊な状況でない場合にも外来動物を安全に制御できる代替技術を必要としている。

ゲノム編集によって、これまでにないスピードで特定の遺伝子を集団に拡散できるジーン・ドライブを、研究者たちが設計することができると認識したのは、まあ当然のことだった。カリフォルニア大学サンディエゴ校の研究チームが、ゲノム編集技術を使ってジーン・ドライブを持つ研究用マウスをつくり出した。彼らは致死的なジーン・ドライブを目指したわけではなかった。単に原理がうまく行くかどうかテストするために、マウスの体毛の色を変化させるジーン・ドライブを思いついた。もしジーン・ドライブがうまく機能すれば、集団の中で白い毛色のマウスの割合が、編集していない集団に比べて高くなることが期待される。

そのマウスを繁殖させたところ、白い毛色のマウスが集団の中で急速に増えることはなく、その結果は研究に携わった研究者たちを失望させた。白いマウスの数は予測される数よりもはるかに少なかったのである。編集された型の遺伝子は、蚊のジーン・ドライブ実験で起きたような速さでは拡散しなかった。特にオスからの拡散がしにくかったため、精子形成の過程に問題となる障壁があることが示唆された。この結果を踏まえて筆者たちは次のように結論づけた。「野生の外来齧歯類の集団を減少させるために、ゲノム編集がすぐに使われるかもしれないと楽観視したり懸念を示したりするのは、まだ時期尚早のように思える。」【15】

今後、ジーン・ドライブを使って外来種を制御しようとする試みが多数出てくるのは避けられない。新しいゲノム編集技術によって、この遺伝的爆弾を簡単につくれるようになり、それによってさらにゲノム編集の研究が進むだろう。いま、政治主体で外来種問題に取り組もうとしている国があり、そこでもゲノム編集が使われるかもしれない。ニュージーランドは、「プレデター・フリー2050」と呼ばれる取り組みを始めた。この取り組みで明言された目標は、「ニュージーランドの最も有害な外来種であるラット、オコジョ、フクロネズミを根絶すること」としている【16】。いまのところ注目されているのは、わなや他の伝統的な方法による捕獲である。しかしながら、ゲノム編集を使った致死的なジーン・ドライブが、奥の手として使われることになったとしても驚きはしないだろう。

ニュージーランドが根絶しようとしている種のリストに、ある動物がいないことに気づいただろうか。ニュージーランドには150万匹のネコがいて、それによる環境的損失ははかりしれない。アメリカの研究では、放し飼いのネコが毎年何十億という獲物を殺していることが示唆されている【17】。しかし、これまでにいくつかの国や政府がネコの数を制限しようと試みたことがあるが、たいていネコを擁護する動物愛護団体からの異常なほどの敵意や反対に遭って頓挫した。人間活動に関わる多くの分野でいえるように、有害生物を制御しようとすると、私たち人間が地球上の生物の支配者だという思い込みを捨てるのがいかに難しいか、気づかされるようだ。

第9章

さあ、どんな質問でもどうぞ

HACKING
THE CODE
OF LIFE

新しいゲノム編集技術が基礎科学の分野に大きな影響を与えている理由のひとつは、ほとんどすべての生物種に対して、実に簡単に、そして研究資金をほとんどかけずにこの技術を応用できるからだ。それ以前の技術では、生物種それぞれに対して、専門的な分子試薬を細かく設計する必要があったため、このような実験をすることは不可能だった。もし研究者たちがマイナーな動物、あるいは植物の研究をしたいと思ったら、その生物種のための遺伝学的な実験ツールを開発するだけで何年もかかるのが普通だった。しかし、もはやそのような苦労は必要なくなった。新しい技術は生命科学の対象を一気に拡げたのである。あなたがどれだけマイナーな生物を選んだとしても、その生物種に特化した分子試薬を簡単につくることができる。これは、あなたが興味深いと思う、さまざまな生物の問題にアプローチするための方法を手にしたということである。このように純粋な好奇心に突き動かされた研究ができるようになって、目覚ましい成果がもたらされつつある。

クローナルレイダーアント（clonal raider ant）を例に取ってみよう。このアリは、小さいが力強い。がっちりした小型の生物で、体長約2ミリメートル。数百匹の個体からなる集団で生活している。サイズが小さいからといって、クローナルレイダーアントをあなどってはいけない。彼らは地中で生活し、別種のアリの巣を襲い、幼虫を奪い、自分たちの夕食にしてしまうのだ。

全員で一緒に行動し、午後の略奪から無事に戻ってこられる奇襲部隊を編成するとしたら、部隊の中で他のメンバーとコミュニケーションを取る必要がある。研究者たちは、クローナルレイダーアントが仕事に出るとき、仲間が残した匂い（化学物質）の跡を追うことでコミュニケーションを取っていると推測していたが、詳しいことはわからなかった。アリは比較的単純な生物であり、与えられた状況に応じてアリが取り得る選択肢は限られているように見える。これらの反応は本能的なもので、経験的なものではないだろう。つまり、アリは意識的な決定をしているのではなく、刺激に応じて取る行動は遺伝子によって決められていると考えられる。研究者にとっての問題は、特定の反応に重要な遺伝子、あるいは遺伝子の組み合わせを見つけることだった。

2017年、ニューヨークのロックフェラー大学の科学者たちは、まさに彼らが望んでいた実験をすることができた。彼らはある遺伝子がクローナルレイダーアントのコミュニケーションに重要ではないかと推測し、ゲノム編集によってその遺伝子が働かないようにしてアリの行動を調べた。ちょっとかわいそうな気もするが、そのような操作をしたアリは他のアリが残した跡を追うことができず、はぐれて迷子になってしまった。コロニーの仲間と一緒にいるときでさえ、集団を形成するという社会的な行動をすることができずに孤立してしまった【1】。その様子は、林間学校のオリエンテーリングで、グループのメンバーからはぐれて迷子になってしまう子どものようだった。

クローナルレイダーアントへのゲノム編集は、まるで快活な体育会系の選手をチェス同好会のオタクに変えてしまったかのようだ。さらにこの技術は、昆虫界の女王、チョウの魅力を解明する研究にも使われることとなる。

◆チョウの魅力

チョウ目（鱗翅目）に分類される昆虫は約18万種存在している。このうち10%がチョウで、残りがガに分類される。好きな昆虫を選ぶ人気投票では、チョウはテントウムシとトップの座を争っている。チョウは私たちを噛まないし、農作物を食い荒らしたりしない（少なくとも成虫は）し、華麗な姿かたちをしているので、チョウを愛らしく思わない人はあまりいないだろう。しかも、色と模様のパターンが膨大で、際立ってきらびやかで美しい模様を持つチョウも多い。さまざまな羽の模様と色によって、私たちは容易にチョウの種類を見分けることができる。しかし、このことは同時に大きな疑問を呈する。すべてのチョウが羽の模様をつくるのに基本的に同じ遺伝子を使っているのだとしたら、外見の豊かな多様性はどのように生み出されるのだろうか？　この疑問を解明するための研究は、ずっと行き詰まったままであった。なぜなら、チョウを対象にした遺伝学的実験は非常に難しかったからである。しかし、最新のゲノム編集技術の登場で、状況はがらりと変わった。

コーネル大学のある研究グループは、チョウの羽の色模様の発達と関係があるとされていた、ある特定の遺伝子に関心があった。この遺伝子は長年にわたりさまざまな研究室から見出されていたが、その重要性を最終的に検証する段階で壁にぶつかっていた。しかし、新しいゲノム編集技術の登場によって、それまで好奇心旺盛なチョウの研究者たちにとって手も足も出なかった問題が、突然たわいもない問題に変わってしまったのである。

研究者たちは新しい技術を使って、異なる4種類のチョウでその遺伝子の発現を阻害した。その結

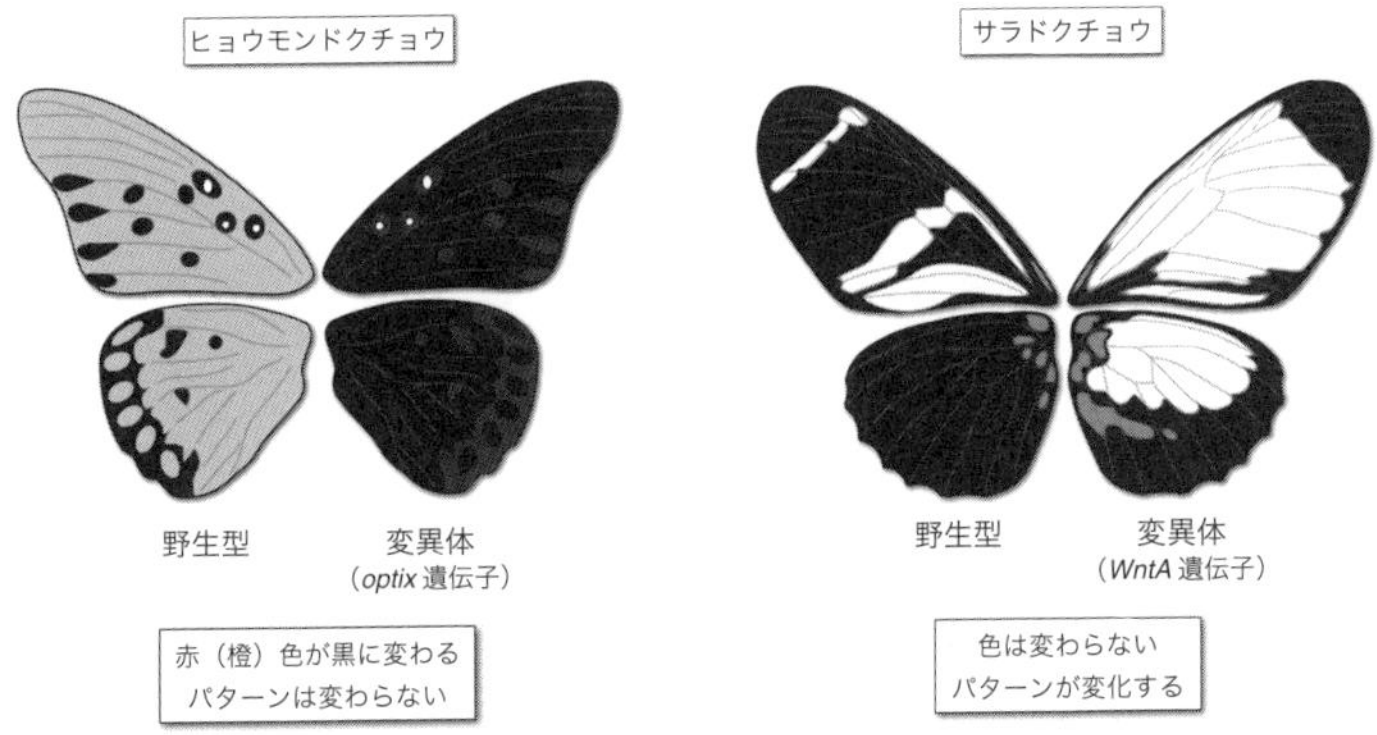

図9.1　チョウの羽の色とパターンの制御を示した模式図。多くのチョウで保存された*optix*と呼ばれる遺伝子をゲノム編集技術で破壊すると、羽の色が変化する。左の図では、ヒョウモンドクチョウ（*Agraulis vanillae*）で観察された羽の色の変化を模式的に示している（灰色は橙色に近い色）（文献2を参照）。一方、チョウの仲間で保存されている*WntA*と呼ばれる遺伝子を破壊すると、色は変化せず羽の模様が変化する。右の図では、サラドクチョウ（*Heliconius sara sara*）で観察された羽のパターンの変化を模式的に示している（灰色は赤色）（文献3を参照）。

果生まれたチョウは、通常なら羽の中にある赤い色が消え、それが黒に変わったのである（**図9・1左**）。彼らは、その遺伝子がチョウの細胞の中で、カラフルな色素か黒い色素であるメラニンのどちらをつくるかを制御する、スイッチとして働いていると推測した。また、8000万年以上前に分岐した別の種類のチョウでも同じ結果が得られたことから、羽の色を制御するこのシステムは、チョウが共通して持っているきわめて基本的なシステムであることが示唆された。

しかし、ゲノム編集技術を用いた実験から、少なくともあるチョウの種では、この遺伝子が別の役割も持っていることが示された。19世紀の収集家にとって、トンボなど同じようにカラフルな昆虫がいる中で、チョウの人気がはるかに高かった理由のひとつは、チョウの印象的な色と模様がつくられるしくみが、他の多くの昆虫とは異なるためである。トンボの輝かしい宝石のような色は、通常細胞の中の特殊なタンパク質である色素によってつくられる。トンボが死んだらこれらのタンパク質は分解されるため、トンボは色褪せ、生きていたときのキラキラとした輝きは失われてしまう。一部のチョウでも同じことが起きる。そのようなチョウの色は収集後に、直射日光にさらされた油絵のようにすぐに色褪せてしまう。

しかし、最も印象的な一部のチョウは、異なった方法で色をつくり出している。色素によって色を生み出しているのではなく、羽の表面の鱗粉が驚くほど複雑な構造をしているのだ。この構造のために、鱗粉に光が当たると光線が曲げられ、とてつもなく鮮やかな青色が生み出されるのである。これは構造色と呼ばれる色の一例である。その色は鱗粉の物理的な構造に依存し、色素の存在には依存していないので、チョウが死んだ後でも分解したり色褪せたりしない。博物館のコレクションの中にこの構造色のチョウの標本がある。それらは100年以上も前に採集されたものだが、最初に補虫網で捕らえられ、殺されてピンで留められた日の姿と同じように驚くほど色鮮やかに輝いている。この永遠の鮮やかさによって、それらのチョウは収集家の間で高く珍重された。

コーネル大学の研究チームは、調べた4種のチョウのひとつで、標的とした遺伝子をゲノム編集で改変した際、単純にカラフルな色から黒色に変化しなかったことに気がつきとても驚いた。アメリカタテハモドキでは、羽の茶色と黄色の模様が鮮やかな青い構造色に置き換わったのである。誰ひとりこの結果を予想していなかった。この結果は、その標的遺伝子が通常2つの作用をもたらすことを示唆している。その遺伝子は、メラニンの産生を抑えるとともに、構造色をつくり出す構造的な特徴の形成も抑制していると考えられる。

ひとつの遺伝子の発現を妨げることで、どうして近縁種にそのように劇的に異なる影響がもたらされるのか？　標的とした遺伝子は、チョウの羽の色に影響を及ぼす、下流の複数の遺伝子の働きを制御している可能性が高い。研究者たちは、ゲノム編集によって遺伝子の働きを阻害した結果、発現が変化した他の遺伝子を調べ、最終的な影響に関与している可能性がある、さまざまな候補遺伝子を見出した。最初の論文では、これらの候補遺伝子の役割は検証されていないが【2】、現在ゲノム編集技術を使ってさらに研究が進められているのは間違いないだろう。

チョウの分子遺伝学に関する最初の論文が発表されるまで、それこそ半世紀近くも時間がかかったが、蓋を開けてみれば、先述したコーネル大学の研究チームの論文に加えて、もうひとつ別の論文が同時に発表された。もうひとつの論文は、アメリカとイギリスの7つの大学の生物学者からなるチームが発表したもので、2つの論文は同じ雑誌の同じ号に並べられて掲載された。もうひとつの研究チームもゲノム編集技術を使って、チョウの羽の模様と色について研究していたが、コーネル大学の研究グループとは別の遺伝子に注目していた【3】。彼らは最新の技術を使って、7つの異なるチョウの種で標的とした遺伝子を不活性化させた。この操作によって、見てすぐにわかるような羽の模様のパターンの変化がもたらされた。筆者たちは、ひとつの種では、この遺伝子は羽の異なる領域の模様の形成に関わっていると結論づけた。この遺伝子は、縞、丸い点、斑点といった特別な模様をつくり、それが種による模様の違いを生んでいることがわかった（図9・1右）。この論文の年長の著者のひとりが、次のような素晴らしいコメントをしている。「私たちが調べた遺伝子は羽に模様を描くスケッチ・ツールのような働きをしている。一方、コーネル大学のグループが解析した遺伝子は、色を塗るペイントブラシのような働きをしている」【4】。

彼らはそのスケッチ遺伝子が、異なる種を特徴づける、複雑なパターンの形成に関係していることも示した。この結果は、その遺伝子が異なる種で微妙に違う働きをしていることを示唆しており、おそらくこの遺伝子が他の遺伝子の働きにわずかな変化をもたらしたためだと考えられる。限られた数の遺伝子のわずかな働きの違いが相互作用して、羽の模様に大きな変化をもたらすというこのモデルは、相互作用する一連の遺伝子の働きのわずかな変化が種間の大きな違いを生み出すという、進化的な研究から提唱されている理論とよく一致している。

チョウの愛好家は大勢いるので、2つの論文で発表された研究成果は一般のメディアで取り上げられ、かなり大きな反響を呼んだ。この成果によって、昆虫の世界の驚くべき多様性を説明できるかもしれないという期待から、進化生物学者たちも興奮した。しかし、最も驚くべきは、この類いの実験が実行可能になり、しかも驚くほど速くできるようになったという事実である。年長の著者のひとりは、畏怖と個人的感傷がないまぜになったような次のようなコメントを残している。「こうした実験は、私たちが長い間夢見ることしかできなかった実験である。私の研究人生の最も挑戦的な仕事が、ひと晩で学部生の研究テーマになってしまった。」【5】

◆サンショウウオの秘密

メキシコサンショウウオ（通称ウーパールーパー）は愛らしい生き物であり、見た人を幸せな気持ちにさせる。両生類の1種でサンショウウオの仲間であり、顔が笑っているように見える。べつに笑っているわけではないとわかっていながらも、笑顔を返さずにはいられない魅力がある。

メキシコサンショウウオはとても奇妙な立場に置かれている。深刻な絶滅の危険にさらされながら、地球上には数百万匹も生息しているのだ。これは、野生ではほとんど絶滅したものの、捕らわれの身でありながら、繁殖という意味では成功しているように見えるからである。それほど多くのメキシコサンショウウオがいる理由のひとつは、とてもキュートで飼育しやすいペットだからだ。もうひとつの理由は、私たち人間にとっては奇跡に見えるような再生能力を持っているからである。そのため彼らは科学者たちの間でとても人気のあるモデル生物となっている。

もし私たちヒトが足の指、耳たぶ、あるいは鼻の先を失ったら、それらは永遠に失われたままとなる。一方、メキシコサンショウウオは肢全体を失ってもちっとも構わない。彼らは約ひと月半でその肢を再生できるのだ。どんな哺乳動物、あるいは鳥類でもこのようなことはできない。好奇心と、医療応用の可能性の両方の理由から、この小さくてかわいらしいサンショウウオにどうしてそんな芸当ができるのか、私たちは知りたいと思っている。さらに、彼らの能力をヒトの再生医療の向上に役立てたいと考えている。世界人口の高齢化に伴い、再生医療は最も注目される分野のひとつになっている。私たちの体の組織は、高齢化に耐えられるようには進化してこなかった。医学は老朽化した体の部品が機能を取り戻すように処置はしてくれるが、手足の全体を再生させることで、老朽化の問題を根本から解決するようなことはしない。膝や股関節の痛み、指の関節炎などの症状に対して、すり減った軟骨や骨の組織の再生を促すことができれば、外科手術をしなくても機能を改善させることができるだろう。メキシコサンショウウオを研究することで、再生能力の秘密を学べるに違いない。

ここでも、新しいゲノム編集の技術が重要な役割を果たすことになる。ゲノム編集技術を用いてメキシコサンショウウオのDNAを変化させて、どの遺伝子、またどの過程が組織の再生に重要なのかを簡単に調べられるようになるのだ。メキシコサンショウウオがたくさんの卵を産むことも、卵の中に直接ゲノム編集の試薬を導入できるため有用だった。研究者たちはこの方法を使って、ある特別な遺伝子が、メキシコサンショウウオが新しい肢を成長させる過程で、新しい筋肉を生み出すのに重要だということを示した【6】。このような実験が、いますぐに人の手足の完全な再生につながるとは、もちろん誰も考えていない。そのハードルはあまりにも高く複雑なので、本書の読者が生きている間に人への応用を実現させるのは難しいだろう。スパイダーマンのカート・コナーズ博士（通称リザード）のようなことが、すぐに現実になることはない。* しかし、メキシコサンショウウオは、深刻な損傷を受けた脊髄を再生することもでき、これは再生医療の期待をさらに膨らませるものである。

＊スパイダーマンに出てくるカート・コナーズ博士の通称である「リザード（Lizard）」は「トカゲ」を意味するが、実際のトカゲはメキシコサンショウウオのように手足を再生できない。そういう意味では、映画の中で手足を再生できる悪役の名前として「リザード」は相応しくないかもしれない。ただし、その通称が「笑うサンショウウオ（Smiling Salamander）」だったら、悪役として脅威を与える存在にはならなかっただろう。

ゲノム編集を使って、メキシコサンショウウオの脊髄再生における、特定の遺伝子の重要性が調べられた【7】。こうした実験によって、メキシコサンショウウオがどのように脊髄のようなきわめて重要な組織を修復し、その過程のどの部分がヒトでは働いていないのか、その詳細が理解できるようになると期待されている。このような実験で得られた知識を応用することで、脊髄を損傷した患者の神経細胞や神経組織のふるまいをゲノム編集によって改変し、脊髄を修復できるようになるかもしれない。ヒトの脊髄のわずか数ミリメートルの間隙が、一生涯続く麻痺や障害をもたらし得る。今後数十年の間に、この間隙をつなげられるようになると期待するのは、もはや夢物語ではない。

◆サリーがサリーに、ハリーがハリーに出会ったとき

（映画『恋人たちの予感（原題：When Harry Met Sally...）』より）

赤ちゃんをつくるには、精子を提供する男性と卵を提供する女性が必要になる。これは基本的な要件である。従来の方法でも、あるいは体外受精のクリニックにおいて、研究室で胚を培養し女性の子宮に移植するような場合でも同様である。どんな方法であっても、必ず精子と卵が必要になる。

必ず——これは科学において最も挑戦的な言い回しのひとつである。しかし、科学の分野においてあるときに「なぜ」と尋ねたら、普通2つの回答が予想される。最初の回答は「どうしても」である。この回答はほとんどの場合役に立たない。2つめの回答は「知らないけど、その答えを見つけようと思う」である。これは前の回答に比べたらましだが、答えをどうやったら見つけられるか、そのための想像力を持った人はごく限られている。

1980年代、アジム・スラーニ（Azim Surani）はケンブリッジ大学でまさにこの疑問に答える実験を行った。彼は物静かで穏やかな話し方をする人物であり、哺乳動物の生殖生物学の分野に大変革をもたらした人である。スラーニ教授は、哺乳動物が精子と卵の両方がないと生殖できない理由を

知りたいと思った。そもそも、ナナフシからコモドオオトカゲに至るまで、他の多くの動物はそのような生殖に関する絶対的な障壁を持たず、メスは、大した苦労をすることなく、父親なしで子どもをつくることができる。そうすると、哺乳動物のいったい何が特別なのか？

アジム・スラーニの実験があまりにも美しく見事であったため、その実験がいかに驚異的なものであるか忘れてしまいがちである。彼は体外受精の技術を使ったが、ヒトではなくマウスを使って実験した。彼の実験を要約すると次のようになる。まず、マウスの卵を入手しその核を取り除き、その後、その空になった卵に他の核を注入した。最初のパターンでは、卵から取ってきた核を2つ、2つめのパターンでは精子から取ってきた核を2つ、3つめのパターンでは、卵から取ってきた核と精子から取ってきた核をそれぞれひとつずつ注入し、その後、操作した卵を培養した。

3つの実験条件のすべてで注入された2つの核は融合するところまで発生が進んだ。精子由来の2つの核、あるいは卵由来の2つの核は、いったん核を取り除いた卵の中に入れられたら、卵と精子の核を用いた場合と同じくらい効率よく融合する。スラーニ教授は、さまざまな発生段階にある胚を、それぞれのパターンごとに別々のメスのマウスに移植し、そして待った。卵の核と精子の核ひとつずつからつくった胚を移植したメスは、健康な仔を産んだ。精子のみ、あるいは卵のみの核から発生した胚を移植したメスは、生きたマウスの仔を産むことはなかった。移植したメスからこれらの胚を取り出してみたところ、発生はある程度進んでいたが、途中からおかしくなっていたことがわかった。

この結果は私たちがすでに知っていること、つまり哺乳動物をつくるには卵と精子が必要だということを単に確認しただけだと思うかもしれない。しかし、この実験には、それ以上のことを示す素晴らしい仕掛けがあった。それまでの数十年という時間をかけて、研究者たちはマウスを用いて厳密に管理された同系交配を行い、遺伝的に同一なマウスをつくり出していた。アジム・スラーニは、マウスのこの遺伝的特性を巧みに利用したのである。3種類の実験条件すべてにおいて、彼はまったく同じマウスの系統を用いたのである。つまり、卵の核のDNAと精子核のDNAはまったく同じだった。遺伝的レベルでは、3つの実験で違いはなかったが、結果はまったく異なっていた。DNAの配列だけで運命が決まるという考えには、もはや限界があるということを如実に示した結果に他ならない。

スラーニ教授は、哺乳動物の生殖がDNAではない何かに依存していることを実証した。彼は、この何かとはエピジェネティック修飾と呼ばれる、DNAへの一連の化学的修飾であるという予備的な証拠を示した。そのDNAコピーが卵に由来するのか精子に由来するのかによって、ゲノムの重要な場所において、これらの修飾が異なる様式でDNAに付けられており、これらを正しいバランスで持つことが重要になる。卵に由来する核が2つある、あるいは精子に由来する核が2つある実験状況では、このバランスが正しくないため、それが胚の発生に悪影響を及ぼしたのである【8】。

これらのエピジェネティック修飾は、哺乳動物以外の種では同じような役割を果たしていない。そのためコモドオオトカゲや他の単為生殖が可能な生物では、精子と卵のDNAには質的に違いがなく、そのため精子の提供なく生殖できるのだ。しかし、これらの化学修飾はヒトを含むすべての胎盤性の哺乳動物で非常に重要であり、これらの生物ではこのような重要な領域がゲノムに約100か所ある。

2018年、北京の研究グループがゲノム編集技術によってマウスのゲノムを改変し、生殖に精子と卵の両方が必要であるという哺乳動物の常識を覆したのである。幅広いメディアがこの成果に注目した。彼らは、通常はエピジェネティック修飾が付加されている特別な領域を、ゲノム編集技術を使ってマウスのゲノムから取り除いたのである。その結果、2匹の母親を持つマウス、あるいは2匹の父親を持つマウスをつくり出すことに成功した【9】。遺伝的に2匹の母親を持つマウスの仔は、成長してさらに仔をつくることができたが、2匹の父親を持つ仔は大人になるまで生きられなかった。

結果は衝撃的だが、使われた方法はそれほど洗練されたものではなかった。彼らはゲノム編集技術を使って、通常重要なエピジェネティック情報を運んでいるかなり広いゲノム領域を単に取り除いただけだった。そもそもこの研究では、DNAの情報とエピジェネティックな情報が、どこまで大規模に失われても発生に影響しないか、その領域を絞ることを目的としていた。もっと洗練された新しいゲノム編集技術を使えば、DNA配列には手を加えず、エピジェネティックな情報だけを変化させることも可能である。まだ始まったばかりだが、この分野は確実に進展しており、おそらく今後数年の間に、ゲノム上のさまざまなエピジェネティック修飾の正確な役割と、環境との相互作用に関する理解が大幅に向上することになるだろう【10】。

これは、ヒトの体外受精でゲノム編集技術を同じように使うことで、女性だけ、あるいは男性だけで子どもがつくれるようになるという話ではない。ゲノム編集自体は単純だが、その後の操作は信じられないほど複雑であり、しかもかなり特殊な細胞が必要になる。また胚の生存率も著しく低い。ヒトでこれを実施するには、安全性、有効性、倫理的なハードルが多岐にわたって存在し、近い将来に実行に移される可能性は低いだろう。

第10章 名声と富

HACKING
THE CODE
OF LIFE

政府はさまざまな理由で科学研究に資金を投じる。もっともな理由のひとつは、優れた科学は、ラファエロの絵画やジェーン・オースティンの小説と同じくらい、人間の偉大な文化的業績に値するというものである。しかし、政府は人々にプラスの影響を与えるという意味での見返りを期待して投資することもある。規模の大きな例として、公衆衛生の取り組みによる市民福祉の向上、安定した食料供給による世界の安定性の向上、再生可能エネルギーを利用する技術の向上による気候変動の減速などが挙げられる。

しかし政府は、科学への投資がもっとあからさまにお金もうけにつながることも望んでいる。彼らが資金援助した一部の研究が直接商業的な成果につながり、学術機関を充実させるための現金を生み出し、理想的には、高度な専門技術者を雇用し経済の成長をもたらす企業が生まれてくれることを期待しているのだ。

どの研究に投資すれば、直接金銭的な利益につながるか予想するのはとても難しい。カリフォルニアのスタンフォード大学は、研究への投資が金銭的な見返りを生み出したという意味で、世界で最も成功した学術機関のひとつである。商業的利益を生み出すために使われるビジネスモデルのひとつが、研究で生み出した知的財産のライセンスを供与することである。これは、ある特定の技術に関するライセンスを持ち出した企業がその発明を利用して収益をあげた場合に、スタンフォードに利用料を支払うというしくみである。しかし、現実的には、ライセンス供与された知的財産がヒット商品につながることはめったにない。スタンフォードが供与したライセンスの約70％はほとんど収益をあげることはなかった。新しい技術の中からドル箱となるものを見定めるのはとても難しい。

しかしごくまれに、世の中に大変革をもたらし、莫大な経済的可能性を秘めた新しい技術が生まれることがある。ゲノム編集はそのような発明のひとつである。応用範囲は信じられないほど広く、基礎研究から金銭的価値の高い新しい植物や動物種の作出まで及び、さらに使い勝手が良い。ゲノム編集が商業的に大きな関心を集めたのは至極当然のことだった。事実、ゲノム編集の開発からわずか数年で大金を得た企業があるが、残念なことにそれは法律事務所であった。

◆法廷で会いましょう

特許のデータベースをざっと検索すると、ゲノム編集に関連したものが少なくとも2000件はヒットする。これらはもともとの技術の修正や改良など広範囲にわたる。しかしながら、最も重要だと考えられる2つの特許出願のまとまり（パテントファミリー）があり、これらは、遺伝子配列を変化させるためにどのようにこの技術を使うか、研究者たちが最初に実証した時点で申請されたものである。

ここで主要な人たちをちょっと思い出してみよう。2012年6月、ジェニファー・ダウドナとエマニュエル・シャルパンティエが、ハイブリッドなガイド分子を使い、ゲノム編集のシステムが大腸菌の中だけではなく試験管の中でも働くという研究成果を発表した。彼女たちの雇用主であるカリフォルニア大学バークレー校（UCバークレー）とウィーン大学は、2012年5月にこの発見の特許を申請した。2013年2月、マサチューセッツ州ケンブリッジのブロード研究所*のフェン・チャンが、生きた細胞の核内でゲノム編集を起こせたという論文を発表した。彼の雇用主は2012年12月に特許を申請した。

*ハーバード大学とマサチューセッツ工科大学の連携機関。

これによると、ダウドナとシャルパンティエが最初に論文を発表し、最初に特許を申請したのは明白であるように見える。特許は基本的に首長選挙と同じで、勝者がすべてを手に入れる。

そんなふうに単純であればよかったのだが。

ブロード研究所は、アメリカの特許庁に優先的に審査を受けるための費用を支払い、ゲノム編集の特許を2014年4月に取得した。UCバークレーとウィーン大学によって先に出願された申請がまだ審査中の段階で、特許庁がブロード研究所の申請を承認したことについては、多くの人々が驚いた。2つの申請が密接に絡み合っているのはきわめて明白だったにもかかわらず、特許庁は片方だけに利する裁定を下したのである。

ダウドナとシャルパンティエの大学は非難の声を上げた。ただし、それは彼らのライバルの申請が優先的に審査されたことに対してではなかった。彼女たちは、フェン・チャンらの申請には進歩性がないという理由で、ブロード研究所への特許付与に対して異議を申し立てた。いま、あなたが新しい形の鍵をつくったとしよう。あなたは特許を申請する。この申請には鍵をデザインする方法に加えて、家のドア、アパートのドア、家畜小屋のドア、納屋のドアへの用途が記載されている。誰か他の人があなたの発明に軽微な変更を加えて、最初の申請の用途には記載されていなかった車庫のドアにその鍵を使えるとして特許を申請したとしよう。特許を管理する機関は、おそらく軽微の変更やちょっとした使い方の違いは、オリジナルの発明の単なる拡張にすぎないとして、2つめの特許を承認しないだろう。その業界の専門家（この場合鍵をつくり設置する技術者）にしてみれば、これはオリジナルの発明の明らかな応用であり、変更を加えたことを発明とみなすべきではないというのが特許の考え方である。

これはまさにUCバークレーとウィーン大学が主張したことである。両大学は、ダウドナとシャルパンティエこそがすべての重要なステップを成し遂げ、フェン・チャンは単にその方法を少しだけ拡張しただけで、特に創造的な何かをしたわけではないという主張をした。しかし、アメリカの特許審判部は、この異議を認めなかった。2017年、この特許審判部は、フェン・チャンの仕事は十分に発明といえるものであり、ダウドナとシャルパンティエのオリジナルの特許申請でカバーされる、あるいは内包されるものではないと裁定した【1】。2018年9月、連邦巡回区控訴裁判所はこの裁定を支持した【2】。

これはUCバークレーとウィーン大学の大きな敗北を意味する。フェン・チャンの研究成果に基づくブロード研究所の特許は、核を持つすべての細胞に対してゲノム編集を利用することがカバーされている。これにはすべての植物と動物が含まれるため、金銭的価値に直接つながる特許になる可能性が高い。

しかし、この裁定に関する混乱は終わらなかった。欧州の特許機関は、発明者をめぐるいざこざを理由にして、ブロード研究所に不利な判決を下した。ブロード研究所が最初の特許を申請したとき、共同発明者のひとりとしてロチェスター大学の共同研究者であるルチアーノ・マラッフィーニ(Luciano Marraffini)が含まれていた。ところがその後の申請では彼の名前が含まれていなかった。そのため、ロチェスター大学はマラッフィーニ側の金銭的利益を主張するため、独自に特許の申請を行い、ブロード研究所に圧力をかけたのである(最終的に2つの機関は法廷外で和解した)。一方、欧州特許庁は発明者の変更に懐疑的な見方を示し、最初の申請日はもはや有効ではないという裁定を下した【3】。その頃までにブロード研究所はそれに続く特許を申請しており、その基礎となる多くの研究がすでに発表されていた。欧州の法律では、すでに公知となったものに対して特許をとることはできないため、申請の日付を修正して再申請することもできなくなった。

それゆえ、いま、生物学に大変革をもたらす技術の基盤となる、信じられないほど価値のある知的財産の所有者が、あなたがその技術を使おうとする場所で変わるという、非常にもつれた状況に陥っている。このためかなり長い間、商業分野での混乱をもたらしている。

ゲノム編集はたかだか2012年に発明された技術であり、それに商業的価値があるとどうして自信を持って言えるのか? 関係者がこの特許争いのためにすでに数千万ドル(数十億円)規模のお金を費やしていること、また、商業的なゲノム編集技術の開発に携わっている主要な企業に10億ドル(約1000億円)もの資金が投じられたことを考えれば、おのずとその商業的価値がうかがい知れるだろう。

◆富

ゲノム編集で最も有名な人物は、間違いなくジェニファー・ダウドナ、エマニュエル・シャルパンティエ、そしてフェン・チャンだろう。この3人はさまざまな形態で一緒に企業を立ち上げようと議論したが、この3人の組み合わせは長く続かなかった。3人の科学者たちは、なぜこの話がうまくいかなかったか、その理由については明かしていない。現在、彼らはそれぞれが設立を手助けしたゲノム編集企業に深く関与している。3つの企業は、ゲノム編集業界で1、2を争う企業である。ジェニファー・ダウドナは、カリフォルニアバークレーに本部を置くカリブー・バイオサイエンス社の共同設立者のひとりである。エマニュエル・シャルパンティエは、クリスパー・セラピューティクス社の共同設立者となっており、この会社の主要な研究所はマサチューセッツ州のケンブリッジにあるが、本部はスイスにある。フェン・チャンはエディタス・メディシン社の設立に科学者として携わり、この会社もマサチューセッツ州ケンブリッジを拠点にしている。

これらの企業は資金も潤沢で高い企業価値がある。カリブー・バイオサイエンス社はまだ個人投資家の所有のままであるが、他の2つの企業はアメリカ証券取引所に上場している。エディタス・メディシン社の現在の資産価値は12億ドル（約1200億円）で、クリスパー・セラピューティクス社の資産価値は26億ドル（約2600億円）である。この数字は、いずれの会社も研究試薬を除けば何も製品を売っていないことを考えると驚きである。

これらの企業は、ただゲノム編集の発明に関わった先導的な科学者たちと関係しているというだけで、その価値が評価されているわけではない。これらの企業は、騒動を引き起こした最初の特許や、その後に申請された多数の特許によって保護される知的財産を優先的に利用できるのだ。エディタス・メディシン社は、ブロード研究所によって申請された特許のライセンスを持っており、ブロード研究所の特許争いにかかる法的経費を払ってきたのは、このエディタス・メディシン社である。現時点で、その額は約1500万ドル（約15億円）に及ぶ【4】。ジェニファー・ダウドナによって設立された企業であるカリブー・バイオサイエンス社は、カリフォルニア大学バークレー校に、法的紛争に費やした500万ドル（約5億円）を支払った。

訴訟にそれだけお金がかかるのは、その見返りとして期待される金額が大きいからである。ゲノム編集を使って商業製品をつくりたいと考える世界中の会社が、基盤となる特許の所有者に特許の使用料を支払わなければならなくなる可能性が高い。この使用料はおそらく最終的な製品の売り上げにも依るが、世界全体で数十億ドル（数千億円）になるだろう。業界を先導する3つの企業は、他の企業に特許の使用料を支払わずに製品をつくれるという、自分たちの権利を守る必要もある。また今後3つの企業が生き残るためには、特許を優先的に利用できるという現在の立場を守るだけでなく、新しい技術を開発して、競合他社より優位に立たなくてはならない。

このことに関連した動きとして、エディタス・メディシン社とブロード研究所との間で行われた最近の取引がある。エディタス・メディシン社は、ゲノム編集に関する新しい発明に対する第一先買権を得るために、ブロード研究所に最大で1億2500万ドル（約125億円）の研究資金を提供した【5】。1億2500万ドルという額は、何か具体的な製品開発への投資などではなく、自由な使い道で科学者に提供される資金としては大金である。このような取引がこれからもまた行われるに違いない。

◆名声

特許は、多数の法律で規定されるものだが、それでもまだ人間の解釈に依存する部分がある。たとえば、新たに申請されたものが発明といえるものなのか、あるいはすでにある特許の拡張にすぎないのかを裁定するような場合である。とはいえ、特許にはかなり明快な側面がある。誰が最初に特許を申請したか簡単にわかるし、ほとんどの国では、知的財産の保護に関して、誰が最初に申請したかが重視される。もし同じような発明の特許が独立に申請されたら、たとえそれが1日違いであっても、最初に申請した人の権利が保護される。これはその発明によって誰がお金をもうけるかという点においてきわめて重要になる。

しかし、重要なのはお金にまつわる話だけではない。もちろん研究者でお金が嫌いという人はいないだろうが、普通お金もうけが研究者を目指す動機になることはない。おそらく、研究者として所属する機関や企業から受け取る給料より、はるかに多くの副収入を特許などによって得ている人がほとんどいないからだろう。研究者にとってもっと重要なのは、新しい発見をする喜びであり、それを同僚から認められることである。ひとつの研究分野が急に発展すると、端から見ている人にとって、発見の正確な時系列や、誰の研究と誰の研究がつながるのかわかりにくいことがある。ゲノム編集も例外ではない。この分野は細菌の防御システムについての基礎的な発見から非常にゆっくり始まったが、ゲノムの改変に興味を持つ研究者たちがその可能性に気がついてから急速にスピードが増した。

おそらくセル誌がこの革新的技術の歴史について総説の執筆を関係者に依頼したのは、ゲノム編集にまつわる物語をはっきりさせることが目的だった。セル誌は生命科学において世界トップレベルの雑誌である。通常高度に革新的で重要な論文を発表しているが、ときには主要な総説も掲載している。セル誌がゲノム編集の詳細な歴史を自身の紙面で掲載して発表したということについて、業界で驚いた人は誰もいなかった。また、セル誌が文章のうまい著名な科学者に総説を依頼したということについても驚く人はいなかった。しかし、セル誌に総説を書いた人物が、ブロード研究所の所長であり創設者だったことには皆が驚いた。そう、ゲノム編集の特許争いのまっただ中にいる、あのブロード研究所である。

この総説を書いた人物であるエリック・ランダー（Eric Lander）は、遺伝学の分野で輝かしい功績を残しており、美しくわかりやすい文章を書く。しかし、「CRISPRのヒーローたち（The Heroes of CRISPR）」と題された総説を書いて、何の非難もされず、無傷で逃れるすべはないだろう【6】。ひとりの評者は、彼とギリシャ悲劇の役者を比較して、「彼を傷つけられる唯一の人物は彼自身だろう」とコメントしている。彼は誰の剣でも傷つけられることはない。これは、ゲノム編集の先駆者のひとりであり、ブロード研究所の準メンバーでランダーの同僚でもあるジョージ・チャーチ教授によるコメントである【7】。

ランダーの総説で、研究者たちには動揺が広がった。この総説は、ダウドナとシャルパンティエを軽視し、フェン・チャンを技術開発の舞台の中心に立たせようとしたものだと受け止められたからだ。

ジョージ・チャーチは次のようにコメントした。「普段私は、間違いに対していちいち細かいことは言わない。しかし、その総説の中で彼ら（ランダーとセル誌）が、その仕事を実際にやり遂げた若者たち、そしてジェニファーとエマニュエルを十分に評価していないことがわかったとたん、『これは間違っている。私は間違いとわかっていることをそのままにはできない』と言ったほどだ」。【8】

ランダーは、ダウドナとシャルパンティエと同じ種類の方法の研究をしていた、ビリニュス大学のヴィルギニユス・シクスニス（Virginijus Šikšnys）の研究を詳細に記載した。シクスニスは彼の成果を2012年の4月に投稿したが、セル誌に却下され、最終的に同じ年の9月に別の雑誌に短い形で発表した。ダウドナとシャルパンティエは、彼女たちの論文を2012年の6月8日にサイエンス誌（別の世界トップレベルの雑誌）に投稿し、6月28日に発表された。ランダーの総説を読んだ読者は、ダウドナとシャルパンティエが論文発表というゲームにおいて少しだけ有利な立場に立っていただけだと推測するかもしれない。しかし、私たちはなぜシクスニスの最初の論文が却下されたのか知らない。サイエンス誌の論文が単純により説得力があったという可能性もある。

本書を執筆している時点では、ブロード研究所は特許論争でバークレーとウィーン陣営に勝っている。しかし、科学者仲間からの評価という意味では、逆もまた真のように見える。ダウドナとシャルパンティエは、仲間からの賞賛という点でチャンより優位に立っている。彼女たちは100万ドルの賞金が与えられる2018年のカヴリ賞を、ヴィルギニユス・シクスニスとともに共同受賞した【9】。2015年、彼女たちは生命科学のブレークスルー賞を共同で受賞し【10】、同じ年に遺伝学分野のグルーバー賞を受賞した【11】。フェン・チャンも忘れられたわけではない。2016年、彼はダウドナとシャルパンティエと共同でガードナー国際賞を受賞し【12】、他の賞も共同で受賞している。

最も名誉ある賞はどうだろうか？　ゲノム編集に対するノーベル賞については、受賞するかどうかではなく、受賞はいつかというレベルの話になっている。ひとつの発見に対して、3人以上の人が受賞することはない。ダウドナとシャルパンティエは明らかな本命として、3人目の受賞者は誰になるだろうか？　フェン・チャンかヴィルギニユス・シクスニスか？　それともまったく別の誰かだろうか？　ノーベル賞の受賞が早すぎるということはないだろう。山中伸弥は、2006年に発表した成果に対して、2012年にノーベル生理学・医学賞を受賞した【13】。しかし、ノーベル賞委員会の選考方法は不透明で公にされていない。コンセンサスが得られるまで、何十年も待たされる可能性がある。ノーベル賞は決して死後に与えられることはないので、主要な役者が3人だけになるまで長く待つことになる可能性もある。もしブックメーカーに賭けるとしたら、ダウドナとシャルパンティエの名前に賭けておけばおそらく損することはないだろう。

◆これからどこへ進むのか？

ゲノム編集の革命は、それなりの技術を持つ人であれば誰でも容易に利用することができ、有益な発見をもたらしうる技術を生み出しつつある。一方で、興奮するのは科学者だけではない。私たち一般市民も、ゲノム編集のおかげで問題を解決できるかもしれないし、知りたいことを解明できるかもしれない。しかし、それは同時に私たちに不安を抱かせることにもなるだろうか？　ミケランジェロは彫刻刀と木槌を使って、史上最高の彫刻をつくった。しかし、この凶器にもなりうる彫刻刀と木槌を別の誰かに与えたら、まったく違った、ともすると残酷な結末を見ることになるかもしれない。

すでに、ゲノム編集技術が悪用される可能性を指摘している評論家もいる。たとえば、犯罪者がゲノム編集技術を使って自身のＤＮＡを変え、犯罪現場に残された証拠から犯人を捜すことができないようにするといった可能性である。このようなことが実際に起きるとは思えないが、悪意を持った人がこの技術を利用する可能性は否定できない。ゲノム編集を使って無害な細菌を、人や家畜を深刻な危険にさらす細菌に変身させることは難しいことではないだろう。そのような細菌は生物兵器として、あるいは単に企業や政府を脅してお金を要求することに使われるかもしれない。

しかし、ゲノム編集技術は人の苦痛を軽減するために使うこともできるだろう。私たちが知る限り生命を育んできた唯一の惑星であるこの地球に、人類は取り返しのつかない影響を及ぼしつつある。私たちはひとつの種として積極的な行動をとることは苦手だが、私たちが十分賢明であれば、ゲノム編集技術によって、人類が地球に与えている負荷を軽減できるかもしれない。私たちはゲノム編集の発明をなかったことにすることはできないし、おそらくその拡散を制御することさえできないだろう。そうではなく、この技術を受け入れて有効に利用し、すべての人にとって安全でより平等な世界をつくるとしたら、私たちには実際にはどのような選択肢があるのだろうか？

訳者あとがき

本書はネッサ・キャリー著、“Hacking the code of life: How gene editing will rewrite our futures”（Icon Books Ltd., 2019）の翻訳である。

ゲノム編集（原著ではgene editingと表現されている）とは、ゲノムを構成するＤＮＡ配列を自在に変化させる技術である。本書はゲノム編集がどのように開発され、どのように私たちの未来を変える可能性があるのか、最新の研究を紹介しながらわかりやすく解説している。本書を通読されたらわかっていただけると思うが、本書は単にゲノム編集の応用を紹介しただけの本ではない。ゲノム編集という画期的な技術を紹介しながら、私たち人類が抱えるさまざまな問題を取り上げ、今後どのように対処していくべきか考えさせられる内容になっている。もちろん中心になるのは私たちの疾患だが、増え続ける世界人口、逼迫した食料問題、農地の砂漠化、ゲノム編集によってつくられた農作物や家畜の規制、感染症の予防、外来種の対策、障害者と環境、そして中国で誕生した双子など、実にさまざまな問題が取り上げられている。ただし、単に警鐘的な内容になっているわけではなく、科学者の純粋な好奇心によって進められたアリやチョウなどの研究も紹介されており、新しい技術とそれによって拓かれる未来を期待させるような、明るい印象を受ける。これはキャリー博士の前二作を翻訳させていただいたときにも感じたことだが、彼女の前向きで明るい人柄を反映しているような気がする（ちなみに直接の面識はないので、あくまでこれは訳者の推測だが…）。

ゲノム編集と呼ばれる技術について、少しだけ背景について補足しておくと、そもそも従来の遺伝子組換え技術では、ゲノムの特定の場所を標的とする、あるいは配列を書き換える、いわゆる編集することは困難だった。1990年代中頃にゲノム編集の先駆けとして、ジンクフィンガー・ヌクレアーゼ（ZFN）と呼ばれる方法が開発された。この技術は、カリフォルニアのサンガモ・バイオサイエンス社が先導して開発した経緯があり、第5章のハンター症候群の治療の話の中で、古いタイプの技術として紹介されている。その後2010年頃になって、植物病原細菌から見出されたTALEと呼ばれるタンパク質を基盤にしたTALENと呼ばれる方法が開発された。この技術はZFNよりも優れた特徴があり、遺伝子の破壊や外来DNAの導入に威力を発揮した。しかし、2012年に報告されたクリスパー・キャス9は、その特異性、効率、簡便性などの点でこれらの方法より格段に優れていたため、爆発的に普及し、現在では、ゲノム編集というとクリスパー・キャス9を指すまでになった。

クリスパー・キャス9は細菌がウイルスの防御のために進化させてきたシステムである。私たちがインフルエンザなどのウイルスの感染を防ごうとしているのと同様に、顕微鏡下でしか見えない単細胞生物の細菌もまたウイルスと戦っているというのだ。特にその道具にRNAを使っているというのは面白い。私たちヒトを含む真核生物では、RNAサイレンシングという機構によってウイルスや、すでにゲノムに入り込んでしまった侵入者の防御をしている（2006年、アンドリュー・ファイアーとクレイグ・メローはこの機構の発見でノーベル生理学・医学賞を受賞した）。この場合も短いRNAを利用して標的を見つけ、分解酵素の働きでその標的を分解する。実際に働いている酵素やシステムは違うものの、RNAを使って標的を見つけそれを分解することでウイルスの防御をしているという点では、非常によく似たシステムであり、生物の普遍的な防御機構という観点からながめてみると、非常に興味深い。

さて、現在のゲノム編集の状況について、わかる範囲で紹介してみたい。まずゲノム編集技術を使ってつくった農作物、魚、家畜に関しての日本の規制はどうなっているのか？ 消費者庁は令和元年9月に、ゲノム編集を施したものであっても、外部からの遺伝物質の挿入がない、いわゆる遺伝子組換えに該当しないものについては、特に届け出や表示の義務はないという発表をした。これは、特に外来の遺伝物質を挿入していない場合、従来の育種技術で作成されたものか、ゲノム編集で作成されたものか判別できないという考え方に基づいており、本書で紹介したアメリカの状況と似ている。まだゲノム編集を施した農作物が市場に出回っているという話は聞いていないが、遺伝子組換え食品に対して懸念を示す市民団体が、今後どのような反応をするか注目される。ただ、ミオスタチンの遺伝子を破壊してひと回り大きくなったマダイなどを紹介するメディアの扱い方を見ると、それほど大きな反発もなく受け入れられる可能性も考えられる。今後、ゲノム編集による改変と従来の遺伝子組換えの違いについて、専門家がきちんと一般市民に説明していく必要があるだろう。

ゲノム編集は私たちの医療も変えつつある。最近のＤＮＡ配列解析技術の向上で、疾患の原因遺伝子の同定は比較的容易になっている。もし原因となっている遺伝子変異が特定できたら、患者の細胞からｉＰＳ細胞を作製、ゲノム編集によって疾患の原因となる変異を元に戻し、きちんと分化させた後で細胞を患者の体内に戻すというスキームが考えられる。このような方法でがん、筋ジストロフィー、肝炎、神経変性疾患などさまざまな疾患の治療法の開発が試みられている。実際に私たちがゲノム編集を応用した治療法を受けられるようになるか、安全性や医療経済の観点から一概には言えないが、中国の状況なども考え合わせると、それほど遠い未来ではないように思われる。

本書のプロローグで詳しく取り上げられているが、中国の賀建奎によって、世界で初めてゲノム編集を使って人為的な遺伝子改変を持つ双子が誕生した。技術の確実性や倫理的な問題を置き去りにして行われた暴挙として世界中から非難されたが、それが実行可能だと証明されたという事実は驚きである。今後新しく生まれる生命にどこまで私たちは介入すべきなのか、人類が未踏の地に足を踏み出したのは間違いないと思う。このような人為的な介入に関して、親が望む形質を持った子ども、いわゆるデザイナー・ベビーの誕生について、現時点ではほとんど不可能だとして、本書では深い議論はしていない。それよりも、深刻な遺伝病を持つことがわかっている家系について、ゲノム編集によってその系譜を変えるかどうかが議論されている。現在日本では、２００４年に総合科学技術会議が取りまとめた「ヒト胚の取扱いに関する基本的考え方」に基づいて指針が策定されていたが、ゲノム編集技術の発展に応じて見直しが行われている。しかし、オフターゲットやモザイクなどの危険性から、ゲノム編集技術を用いたヒト受精卵をヒトの胎内に移植することは容認されていない。近い将来に国内でゲノム編集を利用した胚の改変が行われることはないと思われるが、欧米や中国の動向でどのように方針が変わるか注目されるところである。

ところで、今回翻訳をするにあたって原著を読んだ際、イラストや挿入図がほとんどないことがやや残念に思われた。そこで、著者に承諾を得たうえで、訳者自身が挿入図を描いてみた（第2章以外の章の図）。引用されている論文や資料を参考にイラストを描くというのは、訳者自身にとっても新鮮な試みだったが、本書を読むうえで理解の助けになれば幸いである。また、多少でもオリジナルの論文の内容に触れてもらえたらと思い、図の内容や説明には少し専門的な内容も盛り込んだ。

最後に、本書の翻訳に際して多くの方のお世話になった。原著を読んでコメントをくださった東京大学大学院総合文化研究科の坪井貴司教授、名古屋市立大学大学院システム自然科学研究科の田上英明准教授、基礎生物学研究所の小田茂和博士に深く感謝したい。そして、キャリー博士の前二作に続いて、今回も非常に丁寧に根気よく訳文を読んで手直ししてくれた、丸善出版株式会社の米田裕美さんに深くお礼申し上げる。

2019年11月　岡崎にて

中山潤一

▼索引

人名・機関名索引

人名

機関名

事項索引

あ行

か行

さ行

た行

▼ 参考文献

プロローグ

【1】 Cyranoski, D., Ledford, H. 'Genome-edited baby claim provokes international outcry'. *Nature* (November 2018); 563(7733): 607–608.

【2】 https://www.nature.com/articles/d41586-018-07607-3

【3】 https://www.sciencemag.org/news/2018/12/after-last-weeks-shock-scientists-scramble-prevent-more-gene-edited-babies?utm_campaign=news_weekly_2018-12-07&et_rid=49203399&et_cid=2534785

第1章

【1】 https://www.whatisbiotechnology.org/index.php/people/summary/Cohen

【2】 http://journals.plos.org/plosgenetics/article?id=10.1371/journal.pgen.1000653

【3】 https://ghr.nlm.nih.gov/primer/genomicresearch/snp

【4】 https://www.amnh.org/exhibitions/permanent-exhibitions/human-origins-and-cultural-halls/anne-and-bernard-spitzer-hall-of-human-origins/understanding-our-past/dna-comparing-humans-and-chimps/

【5】 http://www.genomenewsnetwork.org/resources/sequenced_genomes/genome_guide_p1.shtml

【6】 Davidson, B.L., Tarle, S.A., Palella, T.D., Kelley, W.N. 'Molecular basis of hypoxanthine-guanine phosphoribosyltransferase deficiency in 10 subjects determined by direct sequencing of amplified transcripts'. *J. Clin. Invest*. (1989); 84: 342–346.

【7】 https://www.omim.org/entry/300322?search=lesch-nyhan%20mutation&highlight=leschnyhan%20lesch%20nyhan%20mutation#40

第2章

【1】 https://www.cancerresearchuk.org/health-professional/cancer-statistics/worldwide-cancer

【2】 Adamson, G.D., Tabangin, M., Macaluso, M., Mouzon, J. de. 'The number of babies born globally after treatment with the assisted reproductive technologies (ART)' . *Fertility and Sterility* (2013); 100(3): S42.

【3】 Mojica, F.J.M., Díez-Villaseñor, C., Soria, E., and Juez, G. 'Biological significance of a family of regularly spaced repeats in the genomes of Archaea, Bacteria and mitochondria'. *Mol. Microbiol*. (2000); 36: 244–246.

【4】 初期のモヒカの孤独な研究についての詳細は次を参照：Mojica F.J.M., Garrett R.A. 'Discovery and Seminal Developments in the CRISPR Field'. In: Barrangou R., Van Der Oost J. (eds). *CRISPR-Cas Systems* (2013); Springer, Berlin, Heidelberg.

【5】 Mojica, F.J., Díez-Villaseñor, C., García-Martínez, J. et al. *J. Mol. Evol*. (2005); 60: 174. https://doi.org/10.1007/s00239-004-0046-3

【6】 興味深いがかなり不公平な総説：Lander, E.S. 'The Heroes of CRISPR'. *Cell* (14 January 2016); 164(1–2): 18–28.

【7】 Rodolphe Barrangou, Christophe Fremaux, Hélène Deveau, Melissa Richards, Patrick Boyaval, Sylvain Moineau, Dennis A. Romero, Philippe Horvath. 'CRISPR Provides Acquired Resistance Against Viruses in Prokaryotes'. *Science* (23 March 2007); 1709–1712.

【8】 Stan J.J. Brouns, Matthijs M. Jore, Magnus Lundgren, Edze R. Westra, Rik J.H. Slijkhuis, Ambrosius P.L. Snijders, Mark J. Dickman, Kira S. Makarova, Eugene V. Koonin, John Van Der Oost. 'Small CRISPR RNAs Guide Antiviral Defense in Prokaryotes'. *Science* (15 August 2008); 960–964.

【9】 Marraffini, L.A., and Sontheimer, E.J. 'CRISPR interference limits horizontal gene transfer in staphylococci by targeting DNA'. *Science* (2008); 322: 1843–1845.

【10】 Martin Jinek, Krzysztof Chylinski, Ines Fonfara, Michael Hauer, Jennifer A. Doudna, Emmanuelle Charpentier. 'A Programmable Dual-RNA–Guided DNA Endonuclease in Adaptive Bacterial Immunity'. *Science* (17 August 2012): 816–821.

【11】 Le Cong, F. Ann Ran, David Cox, Shuailiang Lin, Robert Barretto, Naomi Habib, Patrick D. Hsu, Xuebing Wu, Wenyan Jiang, Luciano A. Marraffini, Feng Zhang. 'Multiplex Genome Engineering Using CRISPR/Cas Systems'. *Science* (15 February 2013); 819–823.

第3章

【1】 世界人口に関する恐ろしい最新情報は次を参照：http://www.worldometers.info/world-population/

【2】 https://esa.un.org/unpd/wpp/

【3】 https://www.cia.gov/library/publications/the-world-factbook/geos/xx.html

【4】 http://data.un.org/Data.aspx?q=world+population&d=PopDiv&f=variableID%3A53%3BcrID%3A900

【5】 http://data.un.org/Data.aspx?d=PopDiv&f=variableID%3A65

【6】 https://www.cia.gov/library/publications/the-world-factbook/geos/xx.html

【7】 https://www.ons.gov.uk/peoplepopulationandcommunity/birthsdeathsandmarriages/lifeexpectancies/bulletins/nationallifetablesunitedkingdo

m/2014to2016

【8】 https://www.ons.gov.uk/peoplepopulationandcommunity/birthsdeathsandmarriages/lifeexpectancies/articles/howhaslifeexpectancychangedovertime/2015-09-09

【9】 http://www.fao.org/docrep/005/y4252e/y4252e05b.htm

【10】 2018年3月20日に公表されたイギリス庶民院(House of Commons)の肥満統計(Obesity Statistics) に関する報告資料 (No.3336) より.

【11】 https://www.niddk.nih.gov/health-information/health-statistics/overweight-obesity

【12】 http://www.fao.org/save-food/resources/keyfindings/en/

【13】 Feng, Z., Zhang, B., Ding, W., Liu, X., Yang, D.L., Wei, P., et al. 'Efficient genome editing in plants using a CRISPR/Cas system'. *Cell Res*. (2013); 23: 1229–1232.

【14】 Li, J., Norville, J.E., Aach, J., McCormack, M., Zhang, D., Bush, J., et al. 'Multiplex and homologous recombination-mediated genome editing in Arabidopsis and Nicotiana benthamiana using guide RNA and Cas9'. *Nat. Biotechnol*. (2013); 31: 688–691.

【15】 Xie, K., and Yang, Y. 'RNA-guided genome editing in plants using a CRISPR/Cas system'. *Mol. Plant* (2013); 6: 1975–1983.

【16】 Gil, L., et al. 'Phylogeography: English elm is a 2,000-year-old Roman clone'. *Nature* (28 October 2004); 431: 1053.

【17】 Waltz, E. 'Gene-edited CRISPR mushroom escapes US regulation'. *Nature* (21 April 2016); 532: 293.

【18】 Sánchez-León, S., Gil-Humanes, J., Ozuna, C.V., Giménez, M.J., Sousa, C., Voytas, D.F., Barro, F. 'Low-gluten, nontransgenic wheat engineered with CRISPR/Cas9'. *Plant Biotechnol. J*. (April 2018); 16(4): 902–910.

【19】 Denby, C.M., Li, R.A., Vu, V.T., Costello, Z., Lin, W., Chan, L.J.G., Williams, J., Donaldson, B., Bamforth, C.W., Petzold, C.J., Scheller, H.V., Martin, H.G., Keasling, J.D. 'Industrial brewing yeast engineered for the production of primary flavor determinants in hopped beer'. *Nat. Commun*. (20 Mar 2018); 9(1): 965.

【20】 http://ricepedia.org/rice-as-food/the-global-staple-rice-consumers

【21】 Miao, C., Xiao, L., Hua, K., Zou, C., Zhao, Y., Bressan, R.A., Zhu, J.K. 'Mutations in a subfamily of abscisic acid receptor genes promote rice growth and productivity'. *Proc. Natl. Acad. Sci. USA* (5 June 2018); 115(23): 6058–6063.

【22】 Shrivastava, P., Kumar, R. 'Soil salinity: A serious environmental issue and plant growth promoting bacteria as one of the tools for its alleviation'. *Saudi J. Biol. Sc*i. (March 2015); 22(2): 123–31.

【23】 http://www.un.org/en/events/desertification_decade/whynow.shtml

【24】 https://www.theguardian.com/environment/2014/feb/09/global-water-shortages-

threat-terror-war

【25】 Shi, J., Gao, H., Wang, H., Lafitte, H.R., Archibald, R.L., Yang, M., Hakimi, S.M., Mo, H., Habben, J.E. 'ARGOS8 variants generated by CRISPR-Cas9 improve maize grain yield under field drought stress conditions'. *Plant Biotechnol. J.* (February 2017); 15(2): 207–216.

【26】 http://www.isaaa.org/resources/publications/briefs/49/executivesummary/default.asp

【27】 http://www.who.int/nutrition/topics/vad/en/

【28】 Humphrey, J.H., West, K.P. Jr, Sommer, A. 'Vitamin A deficiency and attributable mortality among under-5-year-olds'. *Bull. World Health Organ.* (1992); 70(2): 225–232.

【29】 Ye, X., Al-Babili, S., Klöti, A., Zhang, J., Lucca, P., Beyer, P., Potrykus, I. 'Engineering the provitamin A (beta-carotene) biosynthetic pathway into (carotenoid-free) rice endosperm'. *Science* (14 January 2000); 287(5451): 303–305.

【30】 http://supportprecisionagriculture.org/nobel-laureate-gmo-letter_rjr.html

【31】 https://www.usda.gov/media/press-releases/2018/03/28/secretary-perdue-issues-usda-statement-plant-breeding-innovation

【32】 https://www.theguardian.com/science/2018/apr/07/gene-editing-ruling-crops-plants

第4章

【1】 Burkard, C., Lillico, S.G., Reid, E., Jackson, B., Mileham, A.J., et al. 'Precision engineering for PRRSV resistance in pigs: Macrophages from genome edited pigs lacking CD163 SRCR5 domain are fully resistant to both PRRSV genotypes while maintaining biological function'. *PLOS Pathogens* (2017); 13(2): e1006206.

【2】 Helena Devlin. 'Scientists on brink of overcoming livestock diseases through gene editing'. *The Guardian* (17 March 2018).

【3】 Gao, Y., Wu, H., Wang, Y., Liu, X., Chen, L., Li, Q., Cui, C., Liu, X., Zhang, J., Zhang, Y. 'Single Cas9 nickase induced generation of NRAMP1 knockin cattle with reduced off-target effects'. *Genome Biol.* (1 February 2017); 18(1): 13.

【4】 Zheng, Q., Lin, J., Huang, J., Zhang, H., Zhang, R., Zhang, X., Cao, C., Hambly, C., Qin, G., Yao, J., Song, R., Jia, Q., Wang, X., Li, Y., Zhang, N., Piao, Z., Ye, R., Speakman, J.R., Wang, H., Zhou, Q., Wang, Y., Jin, W., Zhao, J. 'Reconstitution of UCP1 using CRISPR/Cas9 in the white adipose tissue of pigs decreases fat deposition and improves thermogenic capacity'. *Proc. Natl. Acad. Sci. USA* (7 November 2017); 114(45): E9474–E9482.

【5】 本当に有益な総説：Lamas-Toranzo, I., Guerrero-Sánchez, J., Miralles-Bover, H., Alegre-Cid, G., Pericuesta, E., Bermejo-Álvarez, P. 'CRISPR is knocking on barn door'. *Reprod.*

Domest. Anim. (October 2017); 52, Suppl 4: 39–47.

【6】 Lv, Q., Yuan, L., Deng, J., Chen, M., Wang, Y., Zeng, J., Li, Z., Lai, L. 'Efficient Generation of Myostatin Gene Mutated Rabbit by CRISPR/Cas9'. *Sci. Rep*. (26 April 2016); 6: 25029.

【7】 Crispo, M., Mulet, A.P., Tesson, L., Barrera, N., Cuadro, F., dos Santos-Neto, P.C., Nguyen, T.H., Crénéguy, A., Brusselle, L., Anegón, I., Menchaca, A. 'Efficient Generation of Myostatin Knock-Out Sheep Using CRISPR/Cas9 Technology and Microinjection into Zygotes'. *PLoS One* (25 August 2015); 10(8): e0136690.

【8】 Wang, X., Yu, H., Lei, A., Zhou, J., Zeng, W., Zhu, H., Dong, Z., Niu, Y., Shi, B., Cai, B., Liu, J., Huang, S., Yan, H., Zhao, X., Zhou, G., He, X., Chen, X., Yang, Y., Jiang, Y., Shi, L., Tian, X., Wang, Y., Ma, B., Huang, X., Qu, L., Chen, Y. 'Generation of gene-modified goats targeting MSTN and FGF5 via zygote injection of CRISPR/Cas9 system'. *Sci. Rep*. (10 September 2015); 5: 13878.

【9】 Marc Heller. 'US agencies clash over who should regulate genetically engineered livestock'. *E&E News* (19 April 2018).

【10】 Lev, E. 'Traditional healing with animals (zootherapy): medieval to present-day Levantine practice'. *J. Ethnopharmacol* (2003); 85: 107–118.

【11】 https://www.grandviewresearch.com/press-release/global-biologics-market

【12】 https://www.cjd.ed.ac.uk/sites/default/files/cjdq72.pdf

【13】 https://www.haea.org/HAEdisease.php

【14】 https://www.ruconest.com/about-ruconest/

【15】 Oishi, I., Yoshii, K., Miyahara, D., Tagami, T. 'Efficient production of human interferon beta in the white of eggs from ovalbumin gene-targeted hens'. *Sci. Rep*. (5 July 2018); 8(1).

【16】 https://www.hra.nhs.uk/planning-and-improving-research/application-summaries/research-summaries/resource-use-associated-with-managing-lysosomal-acid-lipase-deficiency/

【17】 https://unos.org/data/

【18】 Yang, L., Güell, M., Niu, D., George, H., Lesha, E., Grishin, D., Aach, J., Shrock, E., Xu, W., Poci, J., Cortazio, R., Wilkinson, R.A., Fishman, J.A., Church, G. 'Genome-wide inactivation of porcine endogenous retroviruses (PERVs)'. *Science* (27 November 2015); 350(6264): 1101–1104.

【19】 Niu, D., Wei, H.J., Lin, L., George, H., Wang, T., Lee, I.H., Zhao, H.Y., Wang, Y., Kan, Y., Shrock, E., Lesha, E., Wang, G., Luo, Y., Qing, Y., Jiao, D., Zhao, H., Zhou, X., Wang, S., Wei, H., Güell, M., Church, G.M., Yang, L. 'Inactivation of porcine endogenous retrovirus in pigs using CRISPR-Cas9'. *Science* (22 September 2017); 357(6357): 1303–1307.

【20】 http://www.frontlinegenomics.com/news/19625/pig-organs-future-transplants/

第5章

【1】 https://www.buzzfeednews.com/article/stephaniemlee/this-biohacker-wants-to-edit-his-own-dna

【2】 https://www.insidescience.org/news/Alzheimer%27s-Drug-Trials-Keep-Failing

【3】 http://www.who.int/bulletin/volumes/86/6/06-036673/en/

【4】 この研究を先導した人物による歴史的概観は次を参照：
https://iubmb.onlinelibrary.wiley.com/doi/full/10.1002/bmb.2002.494030050108

【5】 https://www.cdc.gov/ncbddd/sicklecell/data.html

【6】 http://www.ema.europa.eu/ema/index.jsp?curl=pages/medicines/human/orphans/2011/03/human_orphan_000889.jsp&mid=WC0b01ac058001d12b

【7】 EudraCT Number: 2017-003351-38.

【8】 http://ir.crisprtx.com/news-releases/news-release-details/crispr-therapeutics-and-vertex-provide-update-fda-review

【9】 https://nypost.com/2018/02/06/scientists-see-positive-results-from-1st-ever-gene-editing-therapy/

【10】 http://ir.editasmedicine.com/phoenix.zhtml?c=254265&p=irol-newsArticle&ID=2273032

【11】 https://www.wsj.com/articles/china-unhampered-by-rules-races-ahead-in-gene-editing-trials-1516562360

第6章

【1】 https://www.cdc.gov/vaccinesafety/concerns/history/narcolepsy-flu.html

【2】 Schaefer, K.A., Wu, W.H., Colgan, D.F., Tsang, S.H., Bassuk, A.G., Mahajan, V.B. 'Unexpected mutations after CRISPR-Cas9 editing in vivo'. *Nat. Methods* (30 May 2017); 14(6): 547–548.

【3】 https://www.biorxiv.org/content/early/2017/07/05/159707

【4】 https://medium.com/@GaetanBurgio/should-we-be-worried-about-crispr-cas9-off-target-effects-57dafaf0bd53

【5】 Murray, Noreen et al. 'Review of data on possible toxicity of GM potatoes'. The Royal Society (1 June 1999).

【6】 Ewen, S.W., Pusztai, A. 'Effect of diets containing genetically modified potatoes expressing Galanthus nivalis lectin on rat small intestine'. *Lancet* (16 October 1999); 354(9187): 1353–1354.

【7】 Wakefield, A.J., Murch, S.H., Anthony, A., Linnell, J., Casson, D.M., Malik, M., Berelowitz, M., Dhillon, A.P., Thomson, M.A., Harvey, P., Valentine, A., Davies, S.E., Walker-Smith, J.A. 'Ileal-lymphoid-nodular hyperplasia, non-specific colitis, and pervasive

developmental disorder in children'. *Lancet* (28 February 1998); 351(9103): 637–641.
【8】 http://www.who.int/vaccine_safety/committee/topics/mmr/mmr_autism/en/
【9】 https://www.bbc.co.uk/news/health-43125242
【10】 Ihry, R.J., Worringer, K.A., Salick, M.R., Frias, E., Ho, D., Theriault, K., Kommineni, S., Chen, J., Sondey, M., Ye, C., Randhawa, R., Kulkarni, T., Yang, Z., McAllister, G., Russ, C., Reece-Hoyes, J., Forrester, W., Hoffman, G.R., Dolmetsch, R., Kaykas, A. 'p53 inhibits CRISPR-Cas9 engineering in human pluripotent stem cells'. *Nat. Med*. (July 2018); 24(7): 939–946.
【11】 Haapaniemi, E., Botla, S., Persson, J., Schmierer, B., Taipale, J. 'CRISPR-Cas9 genome editing induces a p53-mediated DNA damage response'. *Nat. Med*. (July 2018); 24(7): 927–930.
【12】 https://www.cnbc.com/2018/06/11/crispr-stocks-tank-after-research-shows-edited-cells-might-cause-cancer.html
【13】 Maude, S.L., Frey, N., Shaw, P.A., et al. 'Chimeric Antigen Receptor T Cells for Sustained Remissions in Leukemia'. *The New England Journal of Medicine* (2014); 371(16): 1507–1517.
【14】 https://www.genengnews.com/gen-news-highlights/mustang-bio-launches-crisprcas9-car-t-collaborations-with-harvard-bidmc/81255233
【15】 Hirsch, T., Rothoeft, T., Teig, N., Bauer, J.W., Pellegrini, G., De Rosa, L., Scaglione, D., Reichelt, J., Klausegger, A., Kneisz, D., Romano, O., Secone Seconetti, A., Contin, R., Enzo, E., Jurman, I., Carulli, S., Jacobsen, F., Luecke, T., Lehnhardt, M., Fischer, M., Kueckelhaus, M., Quaglino, D., Morgante, M., Bicciato, S., Bondanza, S., De Luca, M. 'Regeneration of the entire human epidermis using transgenic stem cells'. *Nature* (16 November 2017); 551(7680): 327–332.
【16】 Liao, H.K., Hatanaka, F., Araoka, T., Reddy, P., Wu, M.Z., Sui, Y., Yamauchi, T., Sakurai, M., O' Keefe, D.D., Núñez-Delicado, E., Guillen, P., Campistol, J.M., Wu, C.J., Lu, L.F., Esteban, C.R., Izpisua Belmonte, J.C. 'In Vivo Target Gene Activation via CRISPR/Cas9-Mediated Trans-epigenetic Modulation'. *Cell* (14 December 2017); 171(7): 1495–1507.
【17】 Lee, K., Conboy, M., Park, H.M., Jiang, F., Kim, H.J., Dewitt, M.A., Mackley, V.A., Chang, K., Rao,. A., Skinner, C., Shobha, T., Mehdipour, M., Liu, H., Huang, W.C., Lan, F., Bray, N.L., Li, S., Corn, J.E., Kataoka, K., Doudna, J.A., Conboy, I., Murthy, N. 'Nanoparticle delivery of Cas9 ribonucleoprotein and donor DNA in vivo induces homology-directed DNA repair'. *Nat. Biomed. Eng*. (2017); 1: 889–901.
【18】 Dabrowska, M., Juzwa, W., Krzyzosiak, W.J., Olejniczak, M. 'Precise Excision of the CAG Tract from the Huntington Gene by Cas9 Nickases'. *Front. Neurosci.* (26 February 2018); 12: 75.

【19】King, A. 'A CRISPR edit for heart disease'. *Nature* (8 March 2018); 555(7695): S23–S25.

第7章

【1】 https://www.nhs.uk/conditions/pregnancy-and-baby/newborn-blood-spot-test/
【2】 https://www.25doctors.com/learn/how-much-sperm-does-a-man-produce-in-a-day
【3】 最新の報告のひとつとして、生命倫理に関するナフィールド（Naffield）評議会による2018 年 7 月の報告：「ゲノム編集とヒトの生殖（Genome editing and human reproduction）」は、この章にとってきわめて有益である。
【4】 https://ghr.nlm.nih.gov/condition/leigh-syndrome#inheritance
【5】 https://www.newscientist.com/article/2107219-exclusive-worlds-first-baby-born-with-new-3-parent-technique/
【6】 https://www.newscientist.com/article/2160120-first-uk-three-parent-babies-could-be-born-this-year/
【7】 'Genome editing and human reproduction'. Nuffield Council on Bioethics (July 2018).
【8】 https://www.medicinenet.com/script/main/art.asp?articlekey=22414
【9】 'Genome editing and human reproduction'. Nuffield Council on Bioethics (July 2018).
【10】https://www.gov.uk/definition-of-disability-under-equality-act-2010
【11】https://www.american-hearing.org/understanding-hearing-balance/
【12】https://www.k-international.com/blog/different-types-of-sign-language-around-the-world/
【13】https://www.theguardian.com/world/2002/apr/08/davidteather

第8章

【1】 旧約聖書、創世記 1:26、「神はまた言われた、『われわれのかたちに、われわれにかたどって人を造り、これに海の魚と、空の鳥と、家畜と、地のすべての獣と、地のすべての這うものとを治めさせよう』」（聖書［口語］日本聖書協会、1955 年）を参照。
【2】 https://www.theguardian.com/environment/2015/sep/26/snakebites-kill-hundreds-of-thousands-worldwide
【3】 https://www.gatesnotes.com/Health/Most-Lethal-Animal-Mosquito-Week
【4】 http://www.who.int/en/news-room/fact-sheets/detail/malaria
【5】 http://www.mosquitoworld.net/when-mosquitoes-bite/diseases/
【6】 https://www.oxitec.com/friendly-mosquitoes/
【7】 Kyrou, K., Hammond, A.M., Galizi, R., Kranjc, N., Burt, A., Beaghton, A.K., Nolan, T., Crisanti, A. 'A CRISPR-Cas9 gene drive targeting doublesex causes complete population suppression in caged Anopheles gambiae mosquitoes'. *Nat. Biotechnol.* (24 September 2018); doi: 10.1038/nbt.4245.

【8】 https://www.efsa.europa.eu/en/press/news/180228
【9】 http://www.invasivespeciesinitiative.com/cane-toad/
【10】 http://biology.anu.edu.au/successful-example-biological-control-and-its-explanation
【11】 https://biocontrol.entomology.cornell.edu/success.php
【12】 http://www.bats.org.uk/pages/why_bats_matter.html
【13】 https://www.telegraph.co.uk/news/2018/03/02/remote-scottish-islands-declared-rat-free-rodents-lured-captivity/
【14】 https://www.smithsonianmag.com/smart-news/after-worlds-largest-rodent-eradication-effort-island-officially-rodent-free-180969039/
【15】 https://www.biorxiv.org/content/biorxiv/early/2018/07/07/362558.full.pdf
【16】 https://www.doc.govt.nz/nature/pests-and-threats/predator-free-2050/
【17】 Loss, S.R., Will, T., Marra, P.P. 'The impact of free-ranging domestic cats on wildlife of the United States'. *Nat. Commun*. (2013); 4: 1396.

第9章

【1】 Trible W., Olivos-Cisneros L., McKenzie S.K., Saragosti J., Chang N.C., Matthews B.J., Oxley P.R., Kronauer D.J.C. '*orco* Mutagenesis Causes Loss of Antennal Lobe Glomeruli and Impaired Social Behavior in Ants'. *Cell* (10 August 2017); 170(4): 727–735.
【2】 Zhang, L., Mazo-Vargas, A., Reed, R.D. 'Single master regulatory gene coordinates the evolution and development of butterfly color and iridescence'. *Proc. Natl. Acad. Sci. USA* (3 October 2017); 114(40): 10707–10712.
【3】 Mazo-Vargas, A., Concha, C., Livraghi, L., Massardo, D., Wallbank, R.W.R., Zhang, L., Papador, J.D., Martinez-Najera, D., Jiggins, C.D., Kronforst, M.R., Breuker, C.J., Reed, R.D., Patel, N.H., McMillan, W.O., Martin, A. 'Macroevolutionary shifts of WntA function potentiate butterfly wing-pattern diversity'. *Proc. Natl. Acad. Sci. USA* (3 October 2017); 114(40): 10701–10706.
【4】 Nicholas Wade. 'Genes colour a butterfly's wings. Now scientists want to do it themselves'. *The New York Times* (18 September 2017).
【5】 Nicholas Wade. 'Genes colour a butterfly's wings. Now scientists want to do it themselves'. *The New York Times* (18 September 2017).
【6】 Fei, J.F., Schuez, M., Knapp, D., Taniguchi, Y., Drechsel, D.N., Tanaka, E.M. 'Efficient gene knockin in axolotl and its use to test the role of satellite cells in limb regeneration'. *Proc. Natl. Acad. Sci. USA* (21 November 2017); 114(47): 12501–12506.
【7】 Fei, J.F., Knapp, D., Schuez, M., Murawala, P., Zou, Y., Pal Singh, S., Drechsel, D., Tanaka, E.M. 'Tissue- and time-directed electroporation of CAS9 protein-gRNA complexes in vivo yields efficient multigene knockout for studying gene function in regeneration'.

NPJ Regen. Med. (9 June 2016); 1: 16002.

【8】 アジム・スラーニの研究に関する十分な説明、エピジェネティック修飾についてのさらに詳しい情報については、2011 年に Icon 社から出版され、今でも売れ行き好調な拙著："The Epigenetics Revolution"（2011 年 Icon 社）（邦訳：『エピジェネティクス革命 ― 世代を超える遺伝子の記憶』、丸善出版、2015 年）を強くお勧めする。恥知らずかもしれないが。

【9】 Li, Z.K., Wang, L.Y., Wang, L.B., Feng, G.H., Yuan, X.W., Liu, C., Xu, K., Li, Y.H., Wan, H.F., Zhang, Y., Li, Y.F., Li, X., Li, W., Zhou, Q., Hu, B.Y. 'Generation of Bimaternal and Bipaternal Mice from Hypomethylated Haploid ESCs with Imprinting Region Deletions'. *Cell Stem Cell* (9 October 2018); pii: S1934–5909(18): 30441–7.

【10】 Liu, X.S., Wu, H., Ji, X., Stelzer, Y., Wu, X., Czauderna, S., Shu, J., Dadon, D., Young, R.A., Jaenisch, R. 'Editing DNA Methylation in the Mammalian Genome'. *Cell* (22 September 2016); 167(1): 233–247. e17.

第10章

【1】 https://www.scientificamerican.com/article/disputed-crispr-patents-stay-with-broad-institute-u-s-panel-rules/

【2】 https://www.bionews.org.uk/page_138455

【3】 https://www.the-scientist.com/the-nutshell/epo-revokes-broads-crispr-patent-30400

【4】 https://www.statnews.com/2016/08/16/crispr-patent-fight-legal-bills-soaring/

【5】 https://www.fiercebiotech.com/biotech/editas-commits-125m-to-broad-secure-source-genome-editing-inventions

【6】 Lander, E.S. 'The Heroes of CRISPR'. *Cell* (14 January 2016); 164(1–2): 18–28.

【7】 https://www.scientificamerican.com/article/the-embarrassing-destructive-fight-over-biotech-s-big-breakthrough/

【8】 https://www.scientificamerican.com/article/the-embarrassing-destructive-fight-over-biotech-s-big-breakthrough/

【9】 https://www.statnews.com/2018/05/31/crispr-scientists-kavli-prize-nanoscience/

【10】 https://breakthroughprize.org/Laureates/2/P1/Y2015

【11】 https://gruber.yale.edu/prize/2015-gruber-genetics-prize

【12】 https://gairdner.org/2016-canada-gairdner-award-winners/

【13】 https://www.nobelprize.org/prizes/medicine/2012/press-release/

動き始めたゲノム編集
―食・医療・生殖の未来はどう変わる？

令和2年1月20日　発　行

訳　者　中　山　潤　一

発行者　池　田　和　博

発行所　丸善出版株式会社
〒101-0051 東京都千代田区神田神保町二丁目17番
編　集：電　話(03)3512-3261／FAX(03)3512-3272
営　業：電　話(03)3512-3256／FAX(03)3512-3270
https://www.maruzen-publishing.co.jp

ブックデザイン・桂川　潤
組版印刷・株式会社 日本制作センター／製本・株式会社 星共社

ISBN 978-4-621-30469-3　C 0045　Printed in Japan